科学。奥妙无穷▶

U0623848

大自然的礼物
水与空气

DAZIRANDELIWU
SHUIYUKONGQI

于川 编著

北方妇女儿童出版社

地球诞生 /6

　　诞生之初　/9

　　天上掉下来的线索　/11

　　"铁之灾"其实是福音　/13

　　天敌相撞撞出月球　/16

　　"天上雪山"淹没地球　/19

解析空气　/22

　　空气从何而来　/22

　　地球大气的演化　/24

　　原始大气成分看法多　/28

　　氮和氩的形成　/30

　　氧和二氧化碳的形成和变化　/30

　　空气的物质构成　/34

　　大气分层　/38

目 录

空气有重量吗？　　　/ 44

空气可以被压缩吗？　　/ 45

气压　/ 46

知名的臭氧空洞　/ 49

臭氧空洞的现状　/ 51

臭氧空洞的危害　/ 54

呼吸的秘密　/ 56

人为什么要呼吸氧气？　/ 56

植物的呼吸　/ 58

鳃呼吸　/ 60

两栖动物的呼吸方法　/ 61

皮肤呼吸　/ 62

生命之源 / 64

　　地球之水何处来　/ 64

　　水的基本信息　/ 69

　　水在摩擦中的两面性　/ 70

　　水的用途　/ 71

　　水的分类　/ 73

　　水的影响　/ 74

　　健康水的国际最新标准　/ 77

　　什么是蒸馏水?　/ 78

　　水也会衰老　/ 79

　　水污染分类　/ 80

　　取用方法　/ 82

　　为什么冬天湖水只有上层结冰?　/ 83

　　酸雨的成因　/ 85

江河湖海 / 86

　　河流的重要作用　/ 86

　　河流分类　/ 88

　　流经国家最多的河——多瑙河　/ 90

世界最长的河——尼罗河　　/ 92

含沙量最大的河——黄河　　/ 94

流量最大的河流——亚马孙河　　/ 96

世界最大内流河——伏尔加河　　/ 98

海水温度　　/ 100

海洋影响气候　　/ 101

海水运动　　/ 101

大海的颜色　　/ 105

外星海洋　　/ 108

水循环　　/ 108

水利与风力　/ 112

水利的作用　/ 112

水利的发展　/ 114

世界水利　/ 115

帕斯卡定律　/ 120

蒸汽机　/ 121

史蒂芬孙与蒸汽机车　　/ 122

阿基米德原理　/ 123

风力利用　/ 125

帆船的起源　/ 126

目

录

●地球诞生

空气和水是我们生活中最常见的两种物质，空气围绕在我们身边，水以雨雪冰霜、江河湖海的形式出现在人们周围。没有这两种物质，地球上的所有生物都不可能存在。在我们的日常生活中，空气和水看起来是那么平常：拧开水龙头就会有水哗哗地流出来，而空气更是无处不在。

空气和水的确很常见，但这并不意味着它们不重要。酷热的夏天，如果几个星期不下雨，城市的空气中就会弥漫着一股难闻的气味，人们会感到不舒服。这时，大家就会意识到空气和水对地球上的生命有多重要了。没有食物，人类大约可以生存一个星期，可是如果没有水，人类只能支撑几天。而如果没有空气，人类会在15分钟内死亡！数百年前，许多学者就对这两种物质充满了好奇，并试图弄清它们的基本构成及其性质。很多人会问：对水和空气进行大量的研究值得吗？但是大家都很好奇空气是由什么组成的呢？植物也要呼吸吗？树木怎样获取水分？

大自然的礼物——水与空气

一片地狱般炽热的荒野，一个毫无生机的熔融行星，最终却变成了你、我和其他一切生物的发祥地。这是为什么？宇宙从何而来？地球从何而来？你我又从何而来？地球是不是宇宙中唯一有生物存在的星球？星系从何而来？恒星又从何而来？这些都是人类诞生之后就孜孜以求想要弄清的奥秘。下面，我们就引领你探寻这些问题的答案。

刚刚诞生的地球是一座了无生机的"炼狱"，不断遭遇巨型小行星或彗星的冲撞，火山将大量有毒的气体喷进地球的原始大气层。然而，地球最终变成了生命的乐土。这是怎么办到的呢？

也许你听说过6500万年前一颗小行星（或彗星）撞击地球、导致恐龙灭绝的故事，可是你知道吗？地球形成之初，类似规模的猛烈撞击，地球几乎每个月都要遭遇一次。为什么我们敢这么说呢？一些证据留在了地球的岩石中。这些证据显示，地球其实是一颗比我们想象的要复杂得多的行星。

刚刚形成的地球远不是生命的家园，而是一座"炼狱"：满目疮痍，奇热无比，巨大的小行星和彗星不断冲撞地球，火山将大量有毒气体喷进地球的原始大

气层。那个时候，月球距离地球比现在近得多，因此从地球上看去月亮也比现在大得多。

科学探索发现，地球是在自己形成初期遭遇了一系列大撞击之后才成为一颗可居住行星的。那么，地球究竟是如何从一座"炼狱"最终演变为一个生命世界的呢？我们脚下坚实的土地从何而来？我们呼吸的空气从何而来？地球上的滔滔之水又从何而来？

诞生之初 ＞

为了更形象地说明地球演变这一过程，我们不妨把地球的46亿年历史浓缩为一天，即24小时。

如果把现在作为这24小时的终点，那么人类仅仅是在30秒以前才出现在地球上的，恐龙是在23时以前才出现的，首批多细胞动物是在上午9时5分出现的，在此之前大多数单细胞生物就已存在，其中最早的单细胞生物大约是在凌晨4时出现的。

地球是在这24小时中的零点出现的，不过，暴烈的地球形成史早在这之前很久就已开始。

最初，巨大的古老恒星因走到生命终点而发生爆炸，这被称为"超新星爆发"。这种爆发产生了我们今天已知的所有化学元素，包括铁、碳、金等，甚至还有铀和其他放射性元素，这些元素构成了星尘云。随着时间的推移，引力控制了一切，星尘云便坍缩成为一个旋转的巨大星云盘——太阳星云。

在太阳星云的中心，温度和压力升高，太阳由此诞生。最终，氢气和氦气等轻质气体被推到太阳星云的外围，而靠近太阳的则是由重元素组成的尘埃颗粒。无数的尘埃颗粒在各自的轨道上环

9

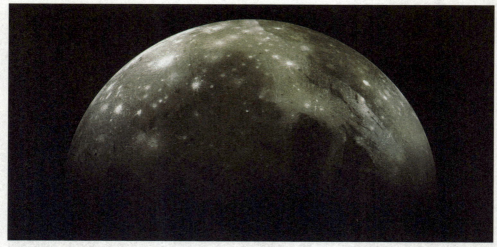

绕早期的太阳运行，时不时地发生碰撞。如果迎头相撞，或者撞击速度很快，尘埃颗粒就会碎裂；但如果碰撞速度不快，相撞的尘埃颗粒就合而为一。经过足够多次的碰撞之后，尘埃颗粒就聚合成鹅卵石大小；接着，鹅卵石又聚合成岩石；岩石继续聚合，聚合得越大则引力也越大；最终，引力的作用让岩石聚合成为球状的星子，其直径通常只有几千米。

随着时间的进一步推移，一些星子变得像月球那么大。接着，它们继续聚合，最终形成最靠近太阳的4颗岩质行星：水星、金星、火星和地球。瞧瞧你家的床底下，你多半会看到一些毛茸茸的尘球，它们是由尘埃聚集在一起而形成的。同样的事情也发生在最初的太阳系中。45亿年前，正是那些在太空中飘浮的巨大的"尘球"聚合形成了太阳系的八大行星。

早期的地球和现在的地球完全不一样。但是，要想知道地球最初究竟是什么样子很不容易，这就好比仅凭一个成年人的模样和体重就想知道这个人出生时的模样和体重。当然，照片可以记录一个人出生时的长相和胖瘦。可是，地球诞生在漫长的46亿年前，那时的一切痕迹如今几乎已全部被岁月抹掉，这是由于当时的地球是一个"火球"：一块表面岩浆汹涌的巨大岩石。因此，当时地球表面的一切几乎都已熔化，而今地球早已面目全非。所以，要想重建地球的原貌，就不能仅在地球上，而是更多地要到外太空去寻找线索。

天上掉下来的线索 ›

在距离地球超过1.6亿千米的火星和木星之间，有一个被称为"小行星带"的区域，无数的小行星在这里运行。这些小行星都是塑造行星时所剩下的"边角余料"。有时，某颗小行星的残片会被敲出轨道，踏上与地球相撞的旅程。这种残片被称为"流星"或"陨星"，它们可能对地球造成剧烈撞击。陨星落到地面后，被称为陨石。

不久前，在加拿大不列颠哥伦比亚省西北角靠近美国阿拉斯加州的一个冰湖表面上，当地的一名森林飞行员发现了一些很像是陨石残块的东西。他立即把其中的一部分残块装在一个特制冰箱里，邮寄给美国宇航局专家。邮件经过美国海关时，曾被要求解冻接受检查，因为海关人员担心来自加拿大的致命病原体之类的东西会随着这个邮件而进入美国。专家一眼就认出，这是一块碳质球粒状陨石，构成它的星尘和构成早期地球的星尘完全一样。

这真是一个令人欣喜的重要发现，因为一般至少每几十年才可能有一次这样的机遇。于是，一组科学家迅速赶往

DA ZI RAN DE LI WU SHUI YU KONG QI

冰湖，仔细搜寻散落在湖面上或者已埋进冰中的陨星残块。最终，他们找到了超过400个这样的残块。只要它们尚未被污染（即保持着陨星46亿年前形成时的原始状态），它们就能向我们讲述地球的起源故事。具体而言，只需通过分析未被污染的陨石样本的成分，就能知道塑造早期地球的尘埃颗粒的化学组成。形象地说，陨石就是我们窥探远古世界的一扇窗户。

从这400多个陨石残块中，可以看出这颗陨星的含碳量和含水量都很高。

除此之外，已经查明这颗陨星含有至少90种元素。这也就是早期地球的"化学指纹"。另外，陨石中还包含着放射性元素，根据这些元素的衰变速度，科学家就能算出陨石的年龄。正因为大多数陨星是和行星同时形成的，并且由同样的材料构成，因此陨星的年龄和成分也就是地球和其他行星的年龄和成分。对陨石的检测发现，几乎所有陨石的年龄都是46亿年，上下相差很小。这就意味着所有的陨星和行星都在太阳系早期就迅速形成了。

"铁之灾" 其实是福音 〉

　　遭遇一系列大规模撞击之前，年轻的地球还远远没有成形。当时，地球的巨大引力将来自太空的大量残骸拉向自己，于是地球便接连不断地遭遇撞击，由此在地球表面产生了巨大的热量。与此同时，地球内部的放射性元素衰变也产生了大量的热，从内部炙烤地球。这两大热量的综合作用，无疑导致了灾难性的后果。

　　还是把地球从诞生到现在看成24小时，那么，到了零点过后8分钟时，地球已变成一座恐怖的熔炉。当温度上升至成千上万摄氏度时，地球表面岩石中的铁和镍等金属开始熔化。当时，地球的外部很可能呈熔融状态，是一片"熔岩之海"，深度达成百上千千米。也就是说，当时的地球就像飘浮在太空中的一颗巨大液滴。在这种状态下，铁元素等重元素沉入液滴中心，而那些轻质元素和富含碳和水的轻质成分则像湖面上的藻类一样，漂浮在地球表面。

　　这种全球性的元素迁徙被称为"铁之灾"，但这场"灾难"实际上是地球的福音，将对地球的未来产生深远的影响。

下沉的铁在地球中心积累，形成一个有两个月球那么大的熔融状内核。这种液态铁一直在转动，直到今天，这种运动所产生的电流仍在继续把地球变成一块拥有南、北两极的巨大磁铁。也许你要问：谁也没去过地心，那么怎么可能知道地球有个液态铁核呢？加拿大的北极冰原，是一个提供证据的好地方。

科学家们说，地球磁场每分每秒都在发生变化，其结果之一就是地球磁极在每一天都有所移动。每过几年，一些地质学家就会到北极去定位精确的磁北极，即指南针所指的北极。地理的北极是固定不变的，而磁北极却随时在变。在过去的100年里，磁北极的位置已经发生了很大的变化。为了确定磁极现在的位置，科学家需要在8个不同的地点测量磁场的强度和方向，然后逼近磁北极。最近的测量表明，磁极已经偏离加拿大海岸200千米，而且偏离速度还在加快。这种加快在20世纪70年代以来尤其明显，从原来的每年移动大约10千米变成了现在的40千米。这种趋势如果持续下去，40到50年后，磁北极就会到

达西伯利亚，其后果令人难以想象。

不过，假如地球没有这个液态铁核，生物体就很难在地球上存活。事实上，每天都有大量致命的带电粒子轰击地球。这些粒子是由太阳耀斑发出的，它们以每小时160万千米的速度在太空穿行，形成所谓的太阳风。如果太阳风"吹"到地球，地球大气层就会立即被"吹"散。不过，地球内核所产生的包裹地球的磁场就像一面巨大而坚实的盾牌，将那些致命的粒子挡开，从而保护了地球上的生物。

如果地球失去了这面盾牌，命运将如何呢？让火星来告诉我们答案。40亿年前，和地球一样，火星也有一个液态铁内核，也有一面磁场盾牌。那时的火星很可能也有浓密的大气层，火星表面也可能存在液态水，因此当时的火星上也可能存在原始的生物。但是，火星的体积只有地球的几分之一，所以火星很快便冷却下来，液态铁核也随之冻结、变硬，火星磁场由此消失。于是，火星大气层就被太阳风吹散了，难怪今天的火星表面只是一片寸草不生的荒漠。

"阿波罗"载人飞船

天地相撞撞出月球 >

还是把地球诞生到现在看成24小时，零点16分时"铁之灾"宣告结束。但是，即便有了液态铁核和磁场，当时的地球仍然和今天完全不同。火山喷出大量的有毒气体，地球被包裹在一个令人窒息的大气层里面，当时地球大气层的主要成分是二氧化碳、氮和水蒸气。因为没有氧气可供呼吸，也没有臭氧层来阻挡致命的紫外线辐射，所以当时的地球不是一个适合生物存在的星球，至少对我们

所知道的生物来说是这样的。不过，就是在这样的条件下，月球诞生了。那么，月球是怎样出世的呢？

20世纪60年代晚期，美国宇航局向月球发射"阿波罗"载人飞船，宇航员们的任务之一是把月球表面的岩石样本取回地球。最终，宇航员们取回了成百上千块月球石。运用放射性测量技术，科学家算出了它们的年龄。让科学家们大吃一惊的是，月球比地球年轻几千万年。更让他

们大惑不解的是，月球石的化学组成和地球完全一样，却同任何已知的其他天体都不相同。也就是说，月球和地球是由相同的基本材料形成的。更神奇的是，月球石所包含的铁也很少，这和地球表面的岩石完全一致。

一些科学家灵机一动，提出了这种观点：大约在地球形成5000万年后，另一个巨大的星子（由和地球相同的成分构成）仍然在太阳系中游荡；这块和火星大小差不多的巨型岩石最终撞向地球，撞击的能量是如此巨大，以致地球的外层和那颗星子都彻底熔化，两者由此聚合成为一颗块头更大的新地球；与此同时，这次猛烈的碰撞也将大量熔融的岩浆喷入太空，这些熔岩最终就聚合成为月球。如今，这一观点已被广泛接受。

零点过后16分钟，也就是地球诞生5000万年后，月球便形成了。不过，那次大碰撞的余音才刚刚开始显现。刚形成的月球与地球之间的距离比现在近大约32万千米，因此那时如果从地球上看去，

月球图像

月球比现在要大许多倍。不仅如此，那时地球的自转速度也比现在快得多，这使得当时地球上的一天不是24小时，而是不到6小时。另外，正因为当时月球距离地球那么近，所以它对地球的引力拉动作用也很明显，地球表面有时甚至会上升或沉降60多米。随着时间的推移，月球逐渐飘远，地球的自转速度也就降了下来，这一过程甚至持续到了今天。

你一定会感觉很惊奇——科学家们竟然找到了一种测量月球正在以何种速度远离地球的办法：宇航员在月球表面安装了一台大型的回复式反射器，它能将激光束按照其来射路径反射回去；同时，科学家在地球上安装了一台高能激光发射器。1969年，科学家将激光束发往月面的那台反射器，并测定了激光束从发射到返回地面所花的时间——全程历时两秒半。在这之后，科学家逐年进行同样的测量，由此证实月球的确是在逐渐远离地球。月球目前距离地球大约38.6万千米，这一距离近年来每年增加大约3.8厘米。

催生月球的那次大碰撞，对地球本身而言也是一次"幸运大撞击"。正因为那次撞击的力量是如此巨大，所以地球的转轴被迫倾向太阳，这样地球上才有了季节之分。如果丧失了月球的稳定作用，地球就会剧烈摇晃，地球上的气候就会经常性地走各种极端。如果那样，一个充满生机的地球还可能形成吗？

"天上雪山"淹没地球 ＞

月球的表面布满撞击坑（陨击坑），其中每个坑都是月球在某一个时期遭遇流星碰撞的结果，一些坑的直径宽达好几百千米。据估计，月球在其形成之初曾经遭遇过超过100万次的大型撞击。而地球的质量比月球大得多，所以地球的引力必定会引来更多、更大的流星，因此地球曾经遭遇过至少数千万次的大规模碰撞。也许你曾听说过6500万年前恐龙因陨星撞地球而灭绝的事，但是你知道吗？在地球形成之初，这样的大规模撞击每个月就有1次，并且如此可怕的"石头雨"一连下了好几百万年。彗星就是这些"石头雨"中的一员。据估计，彗星有至少一半的质量是水和冰，也就是说，每一颗大彗星都像一座大雪山，它们融化后当然就能填满地球的海洋。可是，这种估计是否正确呢？要想找到答案，一个办法就是测量彗星之水的化学成分，并且把测量结果与地球海洋之水的化学组成进行比较。

然而，研究彗星却是一件十分棘手的事。在过去20年中，只有极少数彗星足够近距离地经过地球附近，从而能接受地球人的仔细研究，其中的一颗是在

1997年经过地球附近的哈雷—波普彗星。像哈雷—波普这么大的彗星，一颗就能提供一个典型的地球湖泊所需水量的十分之一。当然，海洋要大得多，所需的水量自然也多得多。不过，早期太阳系中有很多大彗星，因此，彗星之水填满地球海洋应该不成问题。

有人提出，撞击所产生的热量足以将彗星内部的水冰汽化，当时地球的上空一定笼罩着蒸汽云。蒸汽云降下炽热的酸雨，这种酸性暴雨下了至少好几百万

19

年。开始时，酸雨导致的洪水形成河流、湖泊；最后，水可能就会覆满几乎整个地球。不过，这个理论有一个问题：地球海水中虽然主要是一般的水（H_2O），但也有极少量的重水（HDO），重水多含有一个中子。可是，迄今为止的分析结果表明，彗星之水和地球海洋之水的这两种成分之比并不匹配，具体而言，彗星之水的重水含量要高1倍。

但是，持"彗星之水造就地球海洋"观点的科学家并不气馁。他们认为，已经被研究过的所有彗星都来自太阳系的外围，而在相对比较靠近太阳的地方形成的彗星则可能与前者不同，由于越是靠近太阳的地方温度越高，所以来自比较靠近太阳的地方的彗星所包含的重水比例应该比较低。因此也就可能和地球海水中的重水比例相同。但究竟是否如此呢？还是要等测量了这后一类彗星的成分之后才能确定。为此，首先得找到这样的彗星，然后在射电望远镜里研究它的成分。

也许你会问：彗星同地球的距离通常都在1亿千米以上，那么怎么能测定这

20

么远的水里究竟有哪些成分呢?科学家是运用分光计来完成这一测量的。这有点像取指纹。就像每个人的指纹都不同一样,每一种分子化合物所发出的光波的波长也不同。根据波长,就可以判断是哪种物质。遗憾的是,迄今所探测的比较靠近太阳的彗星都很"脏"——彗星表面尘埃太多,不能反射足够的光波,因此科学家也就无法查明彗星之水的化学组成。不过,现在每一年都能发现2到3颗来自内太阳系的彗星,所以彗星之水与地球之水之间的关系终将被查明。

在火山和流星的围攻之下,早期的地球经历了一段大苦大难的煎熬。在地球24小时历史的头一个小时里,它惨遭殴打、撞击、炙烤、酸蚀,更可怜的是,这一切苦难的证据如今却已消失无踪。年轻的地球同它今天的样子仍旧有着天壤之别,那时的它充满敌意、万分恐怖,空气中充斥着有毒的气体。然而,不知为何,就是在如此可怕的环境条件之下,生命却快要起源了。这简直令人匪夷所思,但它却是真的!

解析空气

包围地球的气壳称为地球大气，就是人们所说的空气。现在的大气是由原始大气经历一系列复杂变化形成的。原始大气出现于距今约46亿年以前，比人类出现的时间约早3个量级（人类出现距今数百万年），比人类最初出现文字记载的时间约早6个量级（文字出现距今数千年）。

人类无法获得各阶段的大气样本，只好依靠所发现的地层征迹和太阳系各行星上大气的资料，结合自然演化规律以及物理学、化学、生物学的理论和实验等，用模拟方法或逻辑推理进行研究。但所得的资料仍十分零星，而且地球大气的演化史，前同星系、太阳系、行星起源相衔接，后同人类对大气的影响相联系，本身又和地球的地质发展史、生命发展史等密切相关，加上研究其演变所牵涉到的学科很多，除大气科学本身外，和天文学、地质学、生物学、物理学、化学等，都有密切关系，所以要把一鳞半爪的资料串联为在地区上能横向调谐、在时间上能纵向连贯、在各学科研究结果间又能互相补充、互相印证，基本上符合自然发展规律，能科学地说明现在大气成分和结构机理的地球大气演化史，是十分困难的。

地球大气的演化 ›

　　地球大气的演化经历了原始大气、次生大气和现在大气3代。

• 原始大气

　　原始大气的形成与星系的形成密切相关。宇宙中存在着许多原星系，它们最初都是一团巨大的气体，主要成分是氢。以后原星系内的气体，团集成许多中心，在万有引力作用下，气体分别向这些中心收缩。出现了许多原星体，愈收缩则密度愈大，密度愈大则收缩愈快，使原星体内原子的平均运动速率愈来愈大，温度也愈来愈高。当温度升高到摄氏1000万度以上时，原星体会发生核反应，出现4个氢原子聚变为一个氦原子的过程。较大的原星体的核反应较强，能聚变成较重的元素。按照爱因斯坦能量（E）和质量（m）方程$E=mc^2$（c为光速），这些聚变过程会伴生大量辐射能，使原星体转变为发光的恒星体。恒星体内部存在复杂的核反应，在氢的消耗过程中，较重元素的丰度渐渐增多，并形成一些更重要的元素，光谱分析的结果是，原子丰度随原子序数增大而减少。

　　特别巨大的星体，内部核反应特强，能使星体爆裂，形成超新星，它具有强大的爆炸压强，使其中已形成的不同原子量的元素裂成碎片，散布到星际空间中去，造成宇宙尘和气体云，随后冷却成暗云。这样，超新星的每一次爆炸都进一步使星系内增加更多的较重元素，使星际空间内既有大量气体（以氢、氦为主），又有固体微粒。太阳系是银河系中一个旋臂空间内的气体原星体收缩而成的，因此它包含有气体和固体微粒。太阳系的年龄估计为46—50亿年，银河系的历史约比太阳系长2—3倍。 原太阳系中弥漫着冷的固体微粒和气体，它们是形成行星、卫星及其大气的原料。在原太阳系向中心收缩时，其周围绕行的固体微粒和气体，也分别在引力作用下凝聚成行星和卫星。关于太阳、行星、卫星是否同时形成，尚有不同意见：有的认为是同时形成的，有的认为是先形成太阳，后形成行星及卫星，有的认为卫星是行星分裂出的，也有认为行星和卫星的形成早于太阳。但对地球的形成约在距今46亿年前则是比较一致的看法。 原地球是太阳系中原行星之一。它是原太阳系中心体中运动的气体和宇宙尘借引力吸积而成。它一边增大，一边扫并轨道上的微尘和气体，一边在引力作用下收缩。随着"原地球"转变为"地球"，地表渐渐冷凝为固体，原始大气也就同时包围地球表面。

> **爱因斯坦质能方程**

　　爱因斯坦著名的质能方程式$E=mc^2$，E表示能量，m代表质量，而c则表示光速。 相对论的一个重要结果是质量与能量的关系。质量和能量是不可互换的，是建立在狭义相对论基础上，1915年他提出了广义相对论。因为在经典力学中，质量和能量之间是相互独立、没有关系的，但在相对论力学中，能量和质量是可互换的。

• 次生大气

地球原始大气的消失不仅是太阳风狂拂所致，也与地球吸积增大时温度升高有关。温度升高的原因不仅是吸积的引力能转化为热能所致，流星陨石从四面八方打击固体地球表面，其动能也会转化为热能。此外，地球内部放射性元素如铀和钍的衰变也释放热能。上述这些发热机制都促使当时地球大气中较轻气体逃逸。发热机制除使当时大气中较轻气体向太空逃逸外，还起到为产生次生大气准备条件的另外两种作用，一是使被吸积的 C_1 型碳质球粒陨石中某些成分因升温而还原，使铁、镁、硅、铝等还原分离出来，由于它们的比重不等，造成了固体地球的重力不稳定结构。但由于它们都是固体，没有自动作重力调整的可能。二是使地球内部升温而呈熔融状态。这一作用十分重要。因为它使原来不能作重力调整的不稳定固体结构熔融，可通过对流实现调整，发生了重元素沉向地心、轻元素浮向地表的运动。这个过程在整个地质时期均有发生，但在地球形成初期尤为盛行。在这种作用下，地球内部物质的位能有转变为宏观动能和微观动能的趋势。微观动能即分子运动动能，它的加大能使地壳内的温度进一步升高，并使熔融现象加强。宏观动能的加大，使原已坚实的地壳发生遍及全球的或局部的撕裂。这两者的结合会导致造山运动和火山活动。在地球形成时被吸积并锢禁于地球内部的气体，通过造山运动和火山活动排出地表，这种现象称为"排气"。地球形成初期遍及全球的排气过程，形成了地球的次生大气圈。这时的次生大气成分和火山排出的气体相近。而夏威夷火山排出的气体成分主要为水汽和二氧化碳。但根据科学家的研究，在地球形成初期，火山喷发的气体成分和现代不同，它们以甲烷和氢为主，尚有一定量的氨和水汽。次生大气中没有氧。这是因为地壳调整刚开始，地表金属铁尚多，氧很易和金属铁化合而不能在大气中留存，因此次生大气属于缺氧性还原大气。次生大气形成时，水汽大量排入大气，当时地表温度较高，大气不稳定对流的发展很盛，强烈的对流使水汽上升凝结，风雨闪电频繁，地表出现了江河湖海等水体。这对此后出现生命并进而形成现在的大气有很大意义。次生大气笼罩地表的时期大体在距今 45 亿年前到 20 亿年前之间。

• 现在大气

由次生大气转化为现在大气，同生命现象的发展关系最为密切。地球上生命如何出现是长期争论的问题。科学家最早提出生命现象最初出现于还原大气中的看法，其后由 S·L·米勒等人在实验室的人造还原大气中，用火花放电的办法制出了一些有机大分子，如氨基酸和腺嘌呤等。腺嘌呤是脱氧核糖核酸和核糖核酸的主要成分。所以这种实验有一定意义。但 20世纪六七十年代人们利用射电望远镜发现在星际空间就有这些有机大分子，例如氨亚甲胺、氰基、乙醛、甲基乙炔等。他们又曾将陨星粉末加热，发现有乙腈等挥发性化合物和腺嘌呤等非挥发性化合物。于是认为生命的根苗可能存在于星际空间。但无论如何，即使"前生命物质"来自星际空间，但最简单的最早的生命，仍应出现于还原大气中。这是因为在氧气充沛的大气中，最简单的生命体易于分解、难以发展。

27

原始大气成分看法多 〉

• 看法一

有的认为原始大气中的气体，以氢和一氧化碳为主。例如，A·E·林伍德（1973）曾在庆祝哥白尼诞生500周年纪念会上指出，地球的固体部分主要是由 C_1 型碳质球粒陨石吸积而成，这种陨石含有丰富的二氧化硅、氧化亚铁、氧化镁、水汽、碳质（如碳和甲烷等）；此外还有硫和另一些金属氧化物。在地球吸积增大时，引力能转化为热能，使地球温度不断提高。当升温到1000℃以上时，这类陨石的组分会发生自动还原现象。其中金属和硅的氧化物被还原为金属和硅，所放出的氧则和碳结合成一氧化碳而脱离地面进入大气。此外，水汽在此高温下也能和碳作用，生成氢和一氧化碳。这就形成了以一氧化碳和氢为主的原始大气。根据林伍德的意见，原始大气中不能存在甲烷和氨，因为甲烷和氨的沸点分别为 −161.5℃ 和 −33.35℃，它们在温度远高于1500℃的原始大气中，早就分解掉了。

• 看法二

据 G·P·柯伊伯的意见，原始大气是原太阳星云中气体因进入地球引力范围而被地球俘获的，因此它的成分应当和原太阳系中气体的丰度基本相似。根据柯伊伯的计算，地球最初的大气是一种以氢、氦为主体的大气。当时大气中氢的重量约为全球固体部分镁、硅、铁、氧4种元素总重量的400倍。而这4种元素是今日地球固体部分的最多组分，可见那时大气中含氢量之多。

对原始大气组分的上述两种看法虽然很不相同，但并不是不能统一。因为即使是原始大气，其组分也是在不断变化着的。在地球形成之初，温度尚不很高，吸积的气体应当符合柯伊伯提出的情况。但当吸积较甚时，温度就会很快升高，这时林伍德所提出的过程就会占优势了。

氮和氩的形成 >

正如现在大气中的二氧化碳，最初有一部分是由次生大气中的甲烷和氧起化学作用而产生的一样，现在大气中的氮，最初有一部分是由次生大气中的氨和氧起化学作用而产生。火山喷发的气体中，也可能包含一部分氮。在动植物繁茂后，动植物排泄物和腐烂遗体能直接分解或间接地通过细菌分解为气体氮。氧虽是一种活泼的元素，但是氮是一种惰性气体，所以在常温下它们不易化合。这就是为什么氮能积集成大气中含量最多的成分，且能与次多成分——氧相互并存于大气中的原因。至于现在大气中含量占第三位的氩，则是地壳中放射性钾衰变的副产品。

氧和二氧化碳的形成和变化 >

在绿色植物尚未出现于地球上以前，高空尚无臭氧层存在，太阳远紫外辐射能穿透上层大气到达低空，把水汽分解为氢、氧两种元素。当一部分氢逸出大气后，多余的氧就留存在大气中。在此过程中，因太阳远紫外线会破坏生命，所以地面上就不能存在生命。初生的生命仅能存在于远紫外辐射到达不了的深水中，利用局地金属氧化物中的氧维持生活，以后出现了氧介酶，它可随生命移动而供应生命以氧，使生命能转移到浅水中活动，并在那里利用已被浅水过滤掉有害的紫外辐射的日光和溶入水中的二氧化碳来进行光合作用以增长躯体，从而发展了有叶绿体的绿色植物。于是光合作用结合水汽的光解作用使大气中的氧增加起来。大气中氧的组分较多时，在高空就可能形成臭氧层。这是氧分子与其受紫外辐射光解出的氧原子相结合而成的。臭氧层一旦形成，就会吸收有害于生命的紫外辐射，低空水汽光解成氧的过程也不再进行。于是在低空，绿色植物的光合作用成为大气中氧形成的最重要原因。这时生物因受到了臭氧层的屏护，不再受远紫外辐射的侵袭，且能得到氧的充分供应，就能脱离水域而登陆活动。总之，植物的出现和发展使大气中氧出现并逐渐增多起来，动物的出现借呼吸作用使大气中的氧和二氧化碳的比例得到调节。此外，大气中的二氧化碳还通过地球的固相和液相成分同气相成分间的平衡过程来调节。一般在现在大气发展的前期，地球温度尚高时，水汽和二氧化碳往往从固相岩石中被释放到大气中，使大气中水汽和二氧化碳增多。另外大气中甲烷和氧化合时，也能放出二氧化碳。但当现在大气发展的后期，地球温度降低，大气中的二氧化碳和水汽就可能结合到岩石中去。这种使很大一部分二氧化碳被禁锢到岩石中去的过程，是现在大气形成后期大气中二氧化碳含量减少的原

因。再则，一般温度愈低，水中溶解的二氧化碳量就愈多，这又是现在大气形成后期二氧化碳含量比前期大为减少的原因之一。因为现在大气的温度比早期为低。大气中氧含量逐渐增加是还原大气演变为现在大气的重要标志。一般认为，在太古代晚期，尚属次生大气存在的阶段，已有厌氧性菌类和低等的蓝藻生存。约在太古代晚期到元古代前期，大气中氧含量已渐由现在大气氧含量的万分之一增为千分之一。地球上各种藻类繁多，它们在光合作用过程中可以制造氧。在距今约6亿年前的元古代晚期到古生代初的初寒武纪，氧含量达现在大气氧的百分之一左右，这时高空大气形成的臭氧层，足以屏蔽太阳的紫外辐射而使浅水生物得以生存，在有充分二氧化碳供它们进行光合作用的条件下，浮游植物很快发展，多细胞生物也有发展。大体到古生代中期（距今4亿多年前）的后志留纪或早泥盆纪，大气氧已增为现在的十分之一左右，植物和动物进入陆地，气候湿热，一些造煤树木生长旺盛，在光合作用下，大气中的氧含量急增。到了古生代后期的

被蓝藻吞噬的湖面

石炭纪和二叠纪（分别距今约3亿和2.5亿年前），大气氧含量竟达现有大气氧含量的3倍，这促使动物大发展，为中生代初的三叠纪（距今约2亿年前）的哺乳动物的出现提供了条件。由于大气氧的不断增多，到中生代中期的侏罗纪（距今约1.5亿年前），就有巨大爬行动物如恐龙之属的出现，需氧量多的鸟类也出现了。但因植物不加控制地发展，使光合作用加强，大量消耗大气中的二氧化碳。这种消耗虽可由植物和动物发展后的呼吸作用产生的二氧化碳来补偿，但补偿量是不足的，结果大气中二氧化碳就减少了。二氧化碳的减少导致大气保温能力减弱、降低了温度，使大气中大量水分凝降，改变了天空阴霾多云的状况。因此，中纬度地带四季遂趋分明。降温又会使结合到岩石中和溶解到水中的二氧化碳量增多，这又进一步减少了空气中二氧化碳的含量，从而使大气中充满更多的阳光，有利于现代的被子植物的出现和发展。由于光合作用的原料二氧化碳减少了，植物释出的氧就不敷巨大爬行类恐龙呼吸之用，再加上一些尚有争议的原因，使恐龙之类的大爬行动物在白垩纪后期很快绝灭，但能够适应新的气候条件的哺乳动物却得到发展。这时已到了新生代，大气的成分已基本上和现在大气相近了。可见从次生大气演变为现在大气，氧含量有先增后减的迹象，其中在古生代末到中生代中期氧含量为最多。

空气的物质构成 >

地球的正常空气成分按体积分数计算是：氮占78%，氧占21%，氩等稀有气体占0.94%，二氧化碳占0.03%，其他气体和杂质占0.03%。

空气是由许多无色、无味的气体混合而成的。和地球上的其他物质一样，这些气体也是由无数极小的原子、分子构成的。固体的分子之间结合得较为紧密，而气体的分子不受约束，它们十分活跃，不停地进行着无规则的运动。

在远古时代，空气曾被人们认为是简单的物质，在1669年梅猷曾根据蜡烛燃烧的实验，推断空气的组成是复杂的。德国史达尔约在1700年提出了一个普遍的化学理论，就是"燃素学说"。他认为有一种看不见的所谓的燃素，存在于可燃物质内。例如蜡烛燃烧，燃烧时燃素逸去，蜡烛缩小下塌而化为灰烬，他认为，燃烧失去燃素现象，即：蜡烛–燃素=灰烬。然而燃素学说终究不能解释自然界变化中的一些现象，它存在着严重的矛盾。第一是没有人见过"燃素"的存在；第二金属燃烧后质量增加，那么"燃素"就必然有负的质量，这是不可思议的。1774年法国的化学家拉瓦锡提出燃烧的氧化学说否定了燃素学说。拉瓦锡在进行铅、汞等金属的燃烧实验过程中，发现有一部分金属变为有色的粉末，空气在钟罩内体积减小了原体积的1/5，剩余的空气不能支持燃烧，动物在其中会窒息。他把剩下的4/5气体叫作氮气（意思是不支持生命），在他证明了普利斯特里和舍勒从氧化汞分解制备出来的气体是氧气以后，空气的组成才确定为氮和氧。

空气的成分以氮气、氧气为主，是长期以来自然界里各种变化所造成的。在原始的绿色植物出现以前，原始大气是以一氧化碳、二氧化碳、甲烷和氨为主的。在绿色植物出现以后，植物在光合作用中放出的游离氧，使原始大气里的一氧化碳氧化成为二氧化碳，甲烷氧化成为水蒸气和二氧化碳，氨氧化成为水蒸气和氮气。以后，由于植物的光合作用持续地进行，空气里的二氧化碳在植物发生光合作用的过程中被吸收了大部分，并使空气里的氧气越来越多，终于形成了以氮气和氧气为主的现代空气。

空气是混合物，它的成分是很复杂的。空气的恒定成分是氮气、氧气以及稀有气体，这些成分之所以几乎不变，主要是自然界各种变化相互补偿的结果。空

拉瓦锡雕像

35

气的可变成分是二氧化碳和水蒸气。空气的不定成分完全因地区而异。例如，在工厂区附近的空气里就会因生产项目的不同，而分别含有氨气、水蒸气等。另外，空气里还含有极微量的氢、臭氧、氮的氧化物、甲烷等气体。灰尘是空气里或多或少的悬浮杂质。总的来说，空气的成分一般是比较固定的。

虽然二氧化碳在空气中只占0.03%，但却十分重要，绿色植物需要它来进行光合作用。在进行光合作用时，植物将空气中二氧化碳和水转化为葡萄糖并释放出氧气。所以说，如果没有二氧化碳，地球上连一棵草、一片树叶都不会存在。

空气成分的发现历史

200多年前法国科学家拉瓦锡用定量试验的方法测定了空气成分。

他把少量汞放在密闭容器中加热12天，发现部分汞变成红色粉末，同时，空气体积减少了1/5左右。通过对剩余气体的研究，他发现这部分气体不能供给呼吸，也不助燃，他误认为这全部是氮气。

拉瓦锡又把加热生成的红色粉末收集起来，放在另一个较小的容器中再加热，得到汞和氧气，且氧气体积恰好等于密闭容器中减少的空气体积。他把得到的氧气导入前一个容器，所得气体和空气性质完全相同。

通过实验，拉瓦锡得出了空气用氧气和氮气组成，氧气占其中的1/5。

19世纪前，人们认为空气中仅有氮气与氧气。直到1892年，英国物理学家雷利发现从空气中分离氧气后得到"氮气"的密度与分解含氮物质所得的氮气密度之间总是存在着微小的差异。雷利没有放过这一个微小的差异，他后来与英国化学家拉姆塞合作，终于发现空气中还存在着一种化学性质不活泼的"惰性"气体——氩。在接下来的几年中，拉姆塞等人又陆续发现了氦气、氖气、氙气等其他稀有气体。

大气分层 ＞

不论是原始大气、次生大气或现在大气，由于太阳辐射、大气成分和地球磁场的特点的不同，都具有性质不同的层次。关于地质时期大气圈中的分层情况，可由太阳系其他行星大气的分层而有所推估。现在大气形成后，由于大气成分和地磁场的条件基本上已知，可根据太阳发射的各波长的电磁波在大气中传播时所起的作用不同来分析分层现象。太阳辐射的波长大致可分为4个波段：短于0.1微米的波段，其能量主要来自太阳的色球层和日冕部分，该波段主要对大气起光致电离作用，大于0.1微米的3个波段，其能量主要来自太阳的光球层，其中0.1—0.2微米的辐射占太阳总辐射能的万分之一，有使氧分子光致离解的作用；而0.2—0.3微米的辐射占太阳总辐射能的1.75%，有使臭氧发生光致离解的作用；至于波长大于0.3微米的能量，占太阳总辐射能量的98%，易被水汽和地面所吸收，有照明和转化为热能的作用。

• 中性层

太阳辐射中短于 0.1 微米的电磁波，在从大气顶深入到距地表约 90 千米（白天约 60 千米）的过程中，使大气光致电离的同时，也被大气吸收而不断削弱，从而难以透入到距地表 60 千米以下的大气中，所以 60 千米以下的大气几乎无光致电离过程，大气保持了中性，形成了中性层。中性层在约 60 千米以下。

• 电离层

太阳辐射中波长短于 0.1 微米的部分可深入大气到距地表约 90 千米以上（白天为约 60 千米以上），能使大气中的氮和氧等成分电离。原子氧由较低层大气中的氧分子受光致离解后向上扩散到距地表 200 千米以上而得。大体在距地表 100 千米以下，分子氧离子很多，原子氧离子很少。但在距地表 200—1000 千米之间，原子氧离子就比分子氧离子多了。总的说来，从距地表 60 千米到距地表 500—1000 千米之间，因大气成分受光致电离较盛，就形成了电离层。在电离层中，中性分子的数密度较大，离子运动受中性分子运动的干扰较大，所以尚难以全受地磁场的控制。电离层在 60—500 或 1000 千米。

• 磁层

在距地表 500—1000 千米以上的大气已很稀薄，其中的电子、质子、离子的运动仅受地心引力和地磁场的控制，很少受到中性分子运动的干扰，因此特称为磁层。磁层在距地表约 500—1000 千米以上。

• 热层、中层、平流层和对流层

这 4 个层次的形成主要同太阳辐射进入大气后产生热效应有关。波长为 0.1—0.2 微米的太阳强烈紫外辐射，能使距地表约 85 千米以上的分子氧光致离解，形成原子氧。原子氧扩散到 200 千米以上的高空，在波长短于 0.1 微米的紫外辐射作用下，形成了离子，并与自由氧分子交换电子，并放出大量热能。另外，氧离子还与氮分子作用，形成氧化氮离子，而氧化氮离子与电子复合，以及分子氧离子与电子复合，在这些过程中都放热。由于在 300 千米或以上的高空，大气分子稀少，上述三种放热过程的综合作用，就使高空温度升得很高，达 1500℃以上。这样从 85 千米到约 250—500 千米高度温度随高度的增加而增高，形成了热层。在 500 千米以上，因大气中性分子可逸向太空，故称为外逸层。波长 0.1—0.2 微米的太阳辐射在距地表 85 千米以下的大气中，仍能对氧分子起光解作用并形成氧原子。氧原子十分活跃，很易和氧分子结合，组成臭氧。但这种臭氧所含有的多余能量，

使臭氧易于分解。但如有第三体 M 参与碰撞，就可将多余能量带走，使臭氧的结构稳定下来。在距地表 85 千米以上，空气较稀，原子氧和分子氧结合时缺乏第三体 M 的碰撞，难以形成稳定的臭氧。在距地表 85 千米以下的空间，空气较密，易于发生第三体碰撞，有利于臭氧的稳定。

距地表约 50 千米处出现高温。50—85 千米的高度范围内形成一个温度随高度增加而递减的区域，称为中层。通过高层大气而能到达地面的太阳辐射，其波长大于 0.3 微米。它在低空仅能起到照明和使地面加热的作用。地面高温和 50 千米高度的高温之间为相对的低温。在中纬度，相对最低温的大气层距地表约 12 千米，这即为对流层顶。地面向上到约 12 千米处，大体上温度随高度而递减，形成了对流层。在 12 千米和 50 千米高度之间，气温随高度而升高，形成了平流层。

这样，大气圈就形成了对流层、平流层、中层和热层 4 个热力性质不同的层次。

• 匀和层

其形成与大气的湍流混合强度有关。"匀和"就是大气各组分因湍流而均匀混和，造成组分的百分率上下一致的意思。对流层和中层都是下热上冷的温度结构，所以对流较盛，其间夹有一个下冷上热的较稳定的平流层。但平流层温度向上递增的现象不及其上下层的温度向上递减现象显著，所以把对流层、平流层和中层 3 个层次综合来看，湍流混和作用还是主要的，只是平流层中的混和现象较弱而已。在中层顶以下，大气由于充分混和，其组分的比例基本上一致。从而就形成了中层顶以下的匀和层。

• 非匀和层

从中层顶到距地表约 300 千米的高度，温度随高度增高得很快，大气层基本稳定，无湍流运动，分子扩散运动主要受重力影响，大气中分子量或原子量愈大的气体，其密度向上递减的速率愈快。这就造成高层大气中重组分和轻组分分离、并形成高度愈高则重组分愈少的现象。由于光致离解作用，在高层大气中存在着一些原子气体，自下而上形成了原子氧向上递增区、原子氧区、原子氦区和原子氢区。这种高度不同其主要成分也有变化的气层称为非匀和层。

• 光化层

在距地表约 20—110 千米之间的气层中，化学变化较其上或其下的气层为盛，在这层内各高度的大气密度和成分不同，而且流星余烬又使其成分复杂化，太阳辐射的紫外部分的强度，也足以使其中成分发生光分解或光电离等作用，被分解或电离的物质在一定条件下又能互相发生化学反应。例如在平流层中有分子氧光解为原子氧、分子氧和原子氧组合成臭氧、臭氧分解等化学过程，平流层中的臭氧层就是化学过程所造成的。又如在中层有水汽光解为原子氢和氢氧基的过程等。这些化学反应往往随昼夜、季节、纬度和高度而变化，加上湍流和大气环流又可以将反应物带到一起，这又增加了化学反应的复杂性和频繁性。在光化层以上的非匀和层内，各高度的空气成分比较单纯。由于那里属逆温层，空气较为稳定，没有湍流使各高度不同成分的气体加强混合，而且密度较小，即使在强太阳辐射作用下，也难以发生化学变化。主要发生的只是电离等物理反应。在光化层以下的气层中，波长短于 0.3 微米的太阳辐射基本上已被其上气层所吸收，到达的多为波长大于 0.3 微米的电磁波。它们在低层较密的大气中传播时，仅起到照明和加热等物理作用。这层内仅存在由人类活动所致的污染物造成的大气化学变化。

43

空气有重量吗？ ＞

300多年前，意大利科学家伽利略（1564—1642）就开始探索空气是否也有重量。为此他设计了一个实验：首先他把一个防水、不透气的皮袋灌满水，然后把它和一个结实的空瓶子嘴对嘴地连在一起。皮袋的形状和瓶子差不多，但容积只有瓶子的3/4。接着伽利略把皮袋的口喷湿，皮袋口就会收缩，并紧紧地包裹住瓶口。这时伽利略把皮袋里的水挤进瓶里，然后他把空皮袋卷起来绑在瓶口上。原来满是空气的瓶子里现在3/4是水，空气都被挤在瓶子上部，占总体积的1/4（注：此时的空气是压缩空气）。伽利略称了一下总重量，然后取下皮袋。这时，被压缩的空气立刻恢复原状，部分逃离出瓶子。也就是说，此时瓶中的空气是正常压力下的空气，而不再是压缩空气。随后伽利略又重新把空皮袋固定在瓶口上，再一次称了整体的重量。实验结果让伽利略非常惊讶：第一次的重量比第二次的要大。由此伽利略得出结论：空气也是有重量的。

几十年后，马德堡市市长、自然科学家奥托·格里克（1602—1686）也证实了空气是有重量的。他解释说："如果空气没有重量，大气层就会马上脱离地球。"这样解释比较合理，因为凡是有质量的物体，都受地球引力的作用。从那时起人们才认识到空气与液体、固体一样，都是客观存在的物质。

44

空气可以被压缩吗？ 〉

空气是由无数气体分子组成的，而且这些分子不断地进行着无规则的运动，所以分子间经常相互碰撞又弹开。固体和液体中的分子是相互吸引的，与之相反，空气中的分子却相互排斥。也恰恰是由于这个原因，空气才会四处飘散，并均匀地分布，所以即使是很小的空间也会被空气填满。但在外力的作用下空气也是可以被压缩的，当外力消除时，它又会马上扩散开来。据考证，希腊建筑师克特西比乌斯·亚历山大是世界上第一个认识到这一点的人。2000多年前，亚历山大做过这样一个小实验：把空气装入一个封闭的汽缸里，并用活塞进行挤压，空气在外力的作用下体积就会变小，可一旦外力消失，空气会马上恢复原样。

通过自行车的打气筒，我们可以很直观地验证空气的这种性质。当我们把打气筒的把手向上提起时，空气就从下部的开口处进入打气筒内，然后把排气阀堵住，并使出全力向下压把手，这时，打气筒内的空气就被压缩了。随后突然松开把手，我们可以看到，把手被弹了回来。这是因为打气筒内的空气在没有压力的情况下，又重新扩散开来。

气压 ﹥

气压是作用在单位面积上的大气压力，即等于单位面积上向上延伸到大气上界的垂直空气柱的重量。著名的马德堡半球实验证明了它的存在。气压的国际制单位是帕斯卡，简称帕，符号是 Pa。

气压的发现历程

1640 年 10 月的一天，万里无云，在离佛罗伦萨集市广场不远的一口井旁，意大利著名科学家伽利略在进行抽水泵实验。他把软管的一端放到井水中，然后把软管挂在离井壁 3 米高的木头横梁上，另一端则连接到手动的抽水泵上。抽水泵由伽利略的两个助手拿着，一个是富商的儿子——32 岁，志向远大的科学家托里拆利，另一个是意大利物理学家巴利安尼。

托里拆利和巴利安尼摇动抽水泵的木质把手，软管内的空气慢慢被抽出，水在软管内慢慢上升。抽水泵把软管吸得像扁平的饮料吸管，这是不论他们怎样用力摇动把手，水离井中水面的高度都不会超过 9.7 米。每次实验都是这样。

伽利略提出：水柱的重量以某种方式使水回到那个高度。

1643 年，托里拆利又开始研究抽水机的奥妙。根据伽利略的理论，重的液体也能达到同样的临界重量，高度要低得多。水银的密度是水的 13.5 倍，因此，水银柱的高度不会超过水柱高度的 1/13.5，即大约 30 英寸。

托里拆利把 6 英尺长的玻璃管装上水银，用软木塞塞住开口段。他把玻璃管颠倒过来，把带有木塞的一端放进装有水银的盆子中。正如他所预料的一样，拔掉木塞后，水银从玻璃管流进盆子中，但并不是全部水银都流出来。

托里拆利测量了玻璃管中水银柱的高度，与他料想的一样，水银柱的高度是 30 英寸。

然而，他仍在怀疑这一奥秘的原因与水银柱上面的真空有关。

第二天，风雨交加，雨点敲打着窗子，为了研究水银上面的真空，托里拆利一遍遍地做实验。可是，这一天水银柱只上升到 29 英寸的高度。

托里拆利困惑不解，他希望水银柱上升到昨天实验时的高度。两个实验有什么不同之处呢？雨点不停地敲打着玻璃，他陷入沉思之中。

一个革命性的新想法在托里拆利的脑海中闪现。两次实验是在不同的天气状况下进行的，空气也是有重量的。抽水泵奥秘的真相不在于液体重量和它上面的真空，而在于周围大气的重量。

托里拆利意识到：大气中空气的重量对盆子中的水银施加压力，这种力量把水银压进了玻璃管中。玻璃管中水银的重量与大气向盆子中水银施加的重量应该是完全相等的。

大气重量改变时，它向盆子中施加的压力就会增大或减少，这样就会导致玻璃管中水银柱升高或下降。天气变化必然引起大气重量的变化。

托里拆利发现了大气压力，找到了测量和研究大气压力的方法。

• 气压对健康的影响

气压对人体健康的影响，概括起来分为生理的和心理的两个方面。

气压对人体生理的影响主要是影响人体内氧气的供应。人每天需要大约 750 毫克的氧气，其中 20% 为大脑耗用，因脑需氧量最多。当自然界气压下降时，大气中氧分压、肺泡的氧分压和动脉血氧饱和度都随之下降，导致人体发生一系列生理反应。以从低地登到高山为例，因为气压下降，机体为补偿缺氧就加快呼吸及血循环，出现呼吸急促，心率加快的现象。由于人体（特别是脑）缺氧，还出现头晕、头痛、恶心、呕吐和无力等症状，甚至会发生肺水肿和昏迷，这叫高山反应。

同时，气压还会影响人体的心理变化，主要是使人产生压抑情绪。例如，低气压下的阴雨和下雪天气、夏季雷雨前的高温湿闷天气，常使人抑郁不适。而当人感到压抑时，自律神经（植物神经）趋向紧张，释放肾上腺素，引起血压上升、心跳加快、呼吸急促等。同时，皮质醇被分解出来，引起胃酸分泌增多、血管易发生梗塞、血糖值急升等。

另外，月气压最低值与人口死亡高峰出现有密切关系。有学者研究了 72 个月的当月气压最低值，发现 48 小时内共出现死亡高峰 64 次，出现几率高达 88.9%。

知名的臭氧空洞 >

臭氧由太阳辐射使氧分子分解后，一个氧原子和另一个氧分子结合而成，通常生成于日照强烈的赤道上空。大气层中的臭氧总量计约33亿吨，但在整个大气层中所占比重极小——如果将之平铺在地表，将不过3毫米的厚度——只有一粒绿豆的高度。

大气中的臭氧吸收了大部分对生命有破坏作用的太阳紫外线，对地球生命形成了天然的保护作用。太阳紫外线中波长小于290纳米的部分被平流层臭氧分子全部吸收，但波长为290—320纳米，也就是通常所说的UV-B波段的紫外线也有90%被臭氧分子吸收，从而大大减弱

了它到达地面的强度。如果平流层臭氧的含量减少，则地面受到的UV-B段紫外辐射的强度将会增加。可以毫不夸张地说，地球上的一切生命就像离不开水和氧气一样离不开大气臭氧层，大气臭氧是地球上一切生灵的保护伞。

臭氧有吸收太阳紫外辐射的特性，臭氧层会保护我们不受到阳光紫外线的伤害，所以对地球生物来说是很重要的保护层。不过，随着人类活动，特别是氟氯碳化物（CFCs）和海龙等人造化学物质被大量使用，很容易就会破坏臭氧层，使大气中的臭氧总量明显减少，在南北两极上空下降幅度最大。在南极上空，约

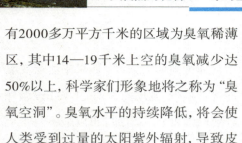

有2000多万平方千米的区域为臭氧稀薄区，其中14—19千米上空的臭氧减少达50%以上，科学家们形象地将之称为"臭氧空洞"。臭氧水平的持续降低，将会使人类受到过量的太阳紫外辐射，导致皮肤癌等疾病的发病率显著增加。

臭氧空洞指的是因空气污染物质，特别是氧化氮和卤化代烃等气溶胶污染物的扩散、侵蚀而造成大气臭氧层被破坏和减少的现象。

臭氧是引起气候变化的主要因子，同时又是重要的氧化剂，在大气光化学过程中起着重要作用。臭氧吸收了太阳光中的大部分的紫外线并将其转换为热能从而加热大气，也能吸收9—10微米的热红外线，使大气层加热。

正是由于臭氧的这一特性，使得地球上空15—50千米的大气层中存在着升温层（逆温层），因此，臭氧对平流层的温度结构和大气运动起决定性的作用，而大气的温度结构对于大气的循环具有重要的影响，臭氧浓度的变化不仅影响到平流层大气的温度和运动，也影响了全球的热平衡和全球的气候变化。除此之外，在对流层中，臭氧因对红外线的吸收作用而被称为温室气体之一。

臭氧空洞的现状 〉

美国国家宇航局的科学家宣布，到2000年10月，南极上空臭氧空洞的面积大约为2900万平方英里，这是迄今为止观测到臭氧空洞的最大面积。根据全球总臭氧观测的结果表明，在过去10—15年间，每到春天南极上空平流层的臭氧都会发生急剧的大规模损耗。臭氧空洞可以用一个三维的结构来描述，即臭氧空洞的面积、深度及延续时间。1987年10月，南极上空的臭氧浓度下降到了1957—1978年间的一半，臭氧空洞面积则扩大到足以覆盖整个欧洲大陆。

从那以后，臭氧浓度下降的速度还在加快，有时甚至减少到只剩30%，臭氧洞的面积也在不断扩大。1994年10月观测到臭氧洞曾一度蔓延到了南美洲最南端的上空。近年臭氧洞的深度和面积等仍在继续扩展，1995年观测到的臭氧空洞的天数是77天，到1996年几乎南极平流层的臭氧全部被破坏，臭氧空洞发生天数增加到80天。1997年至今，科学家进一步观测到臭氧洞发生的时间也在提前，1998年臭氧空洞的持续时间超过100天，是南极臭氧空洞发现以来的最长纪录，而且臭氧空洞的面积比1997年增大约15%，几乎可以相当3个澳大利亚的面积。这一迹象表明，南极臭氧空洞的损耗状况正在恶化之中。臭氧在大气中从地

51

面到70千米的高空都有分布，其最大浓度在中纬度24千米的高空，向极地缓慢降低，最小浓度在极地17千米的高空。20世纪50年代末到70年代就发现臭氧浓度有减少的趋势。1985年英国南极考察队在南纬60°地区观测发现臭氧层空洞，引起世界各国极大关注。臭氧层的臭氧浓度减少，使得太阳对地球表面的紫外辐射量增加，对生态环境产生破坏作用，影响人类和其他生物有机体的正常生存。关于臭氧层空洞的形成，在世界上占主导地位的是人类活动化学假说：人类大量使用的氯氟烷烃化学物质（如制冷剂、

发泡剂、清洗剂等）在大气对流层中不易分解，当其进入平流层后受到强烈紫外线照射，分解产生氯游离基，游离基同臭氧发生化学反应，使臭氧浓度减少，从而造成臭氧层的严重破坏。为此，于1987年在世界范围内签订了限量生产和使用氯氟烷烃等物质的《蒙特利尔协定书》。另外还有太阳活动说等说法，认为南极臭氧层空洞是一种自然现象。关于臭氧层空洞的成因，尚有待进一步研究。

2008年形成的南极臭氧空洞的面积到9月第二个星期就已达2700万平方千米，而2007年的臭氧空洞面积只有2500

万平方千米。2000年，南极上空的臭氧空洞面积达创纪录的2800万平方千米，相当于4个澳大利亚。科学家目前尚不清楚2008年的臭氧空洞面积是否会打破这个纪录。

科学家认为，2007年臭氧空洞面积较小的主要原因在于气候，而不是因为破坏臭氧层的化学气体排放减少。英国南极考察科学家阿兰·罗杰说，2007年南极上空臭氧空洞缩小在历史纪录上应被看作是个别现象。因此，臭氧层空洞面积有可能进一步扩大。

大气圈的臭氧入不敷出，浓度降低。

科学家在1985年首次发现：1984年9、10月间，南极上空的臭氧层中，臭氧的浓度较20世纪70年代中期降低40%，已不能充分阻挡过量的紫外线，造成这个保护生命的特殊圈层出现"空洞"，威胁着南极海洋中浮游植物的生存。据世界气象组织的报告：1994年发现北极地区上空平流层中的臭氧含量也有减少，在某些月份比20世纪60年代减少了25%—30%。而南极上空臭氧层的空洞还在扩大，1998年9月创下了面积最大达到2500万平方千米的历史纪录。

臭氧空洞的危害 >

10年来，经科学家研究大气中的臭氧每减少1%照射到地面的紫外线就增加2%，人的皮肤癌就增加3%，还受到白内障、免疫系统缺陷和发育停滞等疾病的袭击。现在居住在距南极洲较近的智利南端海伦娜岬角的居民已尝到苦头，只要走出家门，就要在衣服遮不住的皮肤处涂上防晒油，戴上太阳眼镜，否则半小时后，皮肤就晒成鲜艳的粉红色，并伴有痒痛；羊群则多患白内障，几乎全盲。据说那里的兔子眼睛全瞎，猎人可以轻易地拎起兔子耳朵带回家去，河里捕到的鲜鱼也都是盲鱼。

推而广之，若臭氧层全部遭到破坏，太阳紫外线就会杀死所有陆地生命，人类也遭到"灭顶之灾"，地球将会成为无任何生命的不毛之地。可见，臭氧层空洞已威胁到人类的生存了。

1987年，主要工业国签署了《蒙特利尔协定书》，要求逐步停止使用危害臭氧层的化学物质。而且现在，已有更健康的第三代制冷剂出现了，这就是氨。氨是自然存在的物质，由氢和氮元素组成，对环境影响微乎其微。

呼吸的秘密

氧是人体进行新陈代谢的关键物质，是人体生命活动的第一需要。呼吸的氧转化为人体内可利用的氧，称为血氧。血液携带血氧向全身输入能源，血氧的输送量与心脏、大脑的工作状态密切相关。人类利用氧气进行呼吸作用，将体内的葡萄糖分解为CO_2和H_2O。

因为人体所进行的一切活动都必须有能量供给。能量来源于食物。具体地说能量就在糖、脂肪、蛋白质三大营养物质中。然而，它们必须通过氧化分解才能释放出来，要氧化就必须有氧气，而氧在我们体内贮存量很少，仅够几分钟消耗。因此，氧化三大营养物质所需要的氧必须通过呼吸从外界不断摄取。同时，如果我们大脑细胞缺氧6分钟左右，就要受到致命的损伤，心脏缺氧十几分钟将停止跳动。因此，呼吸是一刻也不能停止的。

三大营养物质在体内氧化时还会产生大量的二氧化碳，就像物质在大自然中燃烧放出黑烟一样，对人体是有害的。当大量二氧化碳堆积在人体内时，人就会感到头昏、头痛、惊厥，甚至造成中枢麻痹等严重后果。因此我们必须一刻不停地呼吸，吐故纳新，吸进新鲜氧气，排出二氧化碳，才能保证人体的正常生命活动。

氮气化学性质稳定，常温下不与其他物质发生反应。空气中还存在稀有气体和二氧化碳。稀有气体一样不愿意与其他物质反应，而二氧化碳不能在血液中为人体携带必要的养分，它是呼出的气体的主要成分。

植物的呼吸 ＞

植物在有氧条件下，将有机化合物氧化，产生CO_2和水的过程。植物组织在供氧不足或无氧时，其中的有机物可以部分分解，产生少量CO_2并释放少量能量。这就是发酵作用，有时又称为无氧呼吸。与此相区别，氧气供应充分时的呼吸也称为有氧呼吸。三碳植物中的绿色部分，在光下以二磷酸核酮糖的氧化产物乙醇酸为底物，继续氧化，产生CO_2，这个过程称为光呼吸。

植物虽靠光合作用提供能量形成有机物，但非绿色部分（以及处于黑暗中的绿色部分）都是通过呼吸作用，将光合产物中的化学能释放出来，以ATP中高能键的形式供各种生理活动之用，其基本反应与动物及微生物的相似，而且电子传递和磷酸化也在线粒体上进行。与高等动物不同之处在于：植物叶片扁而薄、气孔众多，与大气间气体交换方便，除沼泽植物如水稻有通气组织之外，没有肺鳃等呼吸器官。

• 植物呼吸的具体过程

呼吸速率因植物种类、发育时期和生理状态而异。幼嫩的、旺盛生长着的组织呼吸速率高，长成的和衰老的组织呼吸速率低；生殖器官的呼吸速率比营养器官要高。影响呼吸速率最显著的环境因素有温度、大气成分、水分和光照等。

呼吸对植物正常生活和产量形成必不可少。特别是低洼渍水地区，土壤中氧气不足使根系呼吸受阻，影响根系生长和对水与无机离子的吸收，种子和果实在贮藏中呼吸旺盛会消耗贮藏物质，影响种子寿命和果实的品质。常用控制含水量的办法降低种子的呼吸速率。对新鲜水果、蔬菜可以用降低 O_2 浓度（至 3%）和提高 CO_2 浓度（至 5%）的气调贮藏法来降低呼吸速率。

呼吸作用是高等植物代谢的重要组成部分。与植物的生命活动关系密切。生活细胞通过呼吸作用将物质不断分解，为植物体内的各种生命活动提供所需能量和合成重要有机物的原料，同时还可增强植物的抗病力。呼吸作用是植物体内代谢的枢纽。

鳃呼吸 >

　　鱼类主要的呼吸方式，进行呼吸的部位主要在鳃片（硬骨鱼为鳃丝）支持的鳃小片上，鳃小片细胞、支持细胞和毛细血管组成。水流通过鳃小片时，毛细血管中红血细胞携带的CO_2能充分同水中的O_2进行交换。鳃上的血液循环是鳃呼吸的保障。入鳃动脉将含CO_2多的血液输入鳃间隔，在鳃间隔上分两支进入每个半鳃，每支发出若干细支进入鳃片，每细支的鳃小片上形成毛细血管网。气体交换后携带着多O_2血，由逐步汇合成的出鳃动脉血管输出鳃，再运送至各组织器官。鳃的运动是鳃呼吸的必需条件，它使水沿着一定途径流动，鳃隔（软骨鱼）和鳃盖（硬骨鱼）的启开，犹如泵的作用，将水从口腔中抽出，口瓣膜关闭，防水倒流，使水始终保持从口进入经鳃裂流出的流动方向。也就是说，鳃呼吸的动物可以长期待在水中也不会溺死。

60

两栖动物的呼吸方法 >

所有的动物需要氧气才能生存。两栖动物通过呼吸既可以吸进空气中的氧气又可以吸进水中的氧气。血管上有很薄的一层潮湿表面，氧气穿过这层表面进入血液。然后血液载着氧气流遍动物的全身，到达需要氧气的部位。

在变为成体之前，多数两栖动物的幼体在水中生活。开始时它们没有肺，只是通过羽状鳃呼吸。鳃中有大量的小血管，能从水中吸取氧气。鳃可在体外也可在体内，这取决于幼体的年龄或两栖动物的种类。

两栖动物成年后多数只用肺呼吸。肺就像是体内很薄的囊，与微小的血管相连。两栖动物把空气吸入肺，氧气就进入血管。

两栖动物不仅能用肺呼吸，还能通过皮肤呼吸。它们的皮肤很薄，光滑且湿润，上面覆盖一薄层叫黏液的物质。皮表下还有许多血管。氧气在黏液外衣中溶解，并从这里进入皮下血管。

另外，两栖动物还能通过嘴里湿润的衬层呼吸。空气通过皮肤进入口内，皮肤里面排列着许多血管。你可以猜到，在这里氧以与皮肤与肺部同样的方式被吸入，空气中的氧气进入血液。有些蝾螈没有肺，只用皮肤和嘴呼吸。

皮肤呼吸 >

用体表进行呼吸，称为皮肤呼吸。原来体表可使氧通过，在发生上，由体表向内所折入的空处就是肺或鳃，突出于向外部扩大的部分就是鳃，因此，没有这样特殊呼吸器官的动物则靠皮肤呼吸，见于环节动物的蚯蚓、水蛭；触手动物的扫帚虫、苔藓虫等。另外，即使具有呼吸器官的动物也常进行皮肤呼吸，例如腔肠动物的胃管系、一些环节动物的鳃和呼吸囊、节肢动物的甲壳类的肠和血管网、昆虫类石蚕的气管鳃、脊椎动物的鳃或肺等，都各与皮肤呼吸并用。但是皮肤呼吸对整个呼吸量的比例，可随动物的种类和温度条件而不同。例如鳗，温度条件越低，皮肤呼吸值越高，温度在10℃以下时，皮肤呼吸的氧摄取量可达整个呼吸的60%以上，鳗在夜间之所以得以爬到陆地上就是由于这个原因。蛙在冬眠期的呼吸，对体表的依赖程度很高，约为70%，而平常则为30%—50%左右；鸟类和哺乳类的皮肤呼吸值，如家鸽和人都在1%以下。

皮肤主要通过3个途径吸收外界物质，即角质层、毛囊皮脂腺及汗管口。其中角质层是皮肤吸收气体的最重要的途径。角质层的物理性质相当稳定，它在皮肤表面形成一个完整的半通透膜。在一定条件下气体以与水分子结合的形式，经过细胞膜进入细胞内。无论是活的还是死的角质细胞都有半通透性，它遵循菲克定律，即在低浓度时，单位时间，单位面积内物质的通透率与其浓度成正比。

● 生命之源

地球之水何处来 >

我们生活的地球上海洋面积占70.8%。如果把地球上的所有高山和低谷都拉平，再把地球上的水全都包围起来，那么地球表面的水就深达2400多米，地球，真正变成一颗"水星"了。而太阳系的水星至今没有海洋，上面也没有水。

地球上这么多水是从哪里来的呢？目前，大多数科学家认为：地球上的水是地球在漫长的历史进程中，由组成地球的物质逐渐脱水、脱气而形成的。地球是由星际尘埃凝聚而成的，在最初阶段，地球是一个寒冷的凝固团，是万有引力和颗粒间的相互碰撞使这些星际尘埃物质紧紧地压缩在一起，形成原始地球。后来地球内部的放射性元素不断蜕变，凝固团的温度不断增高，最终形成我

们可以居住的地球。科学家对组成地球的地幔的球粒陨石进行分析，发现含有0.5%—5%的水，最多的可达10%。如果当初组成原始地球的陨石，只要有1/800是这些球粒陨石的话，那么就足以形成今天的地球水圈。问题是，当初是这样的情形吗？至今没有定论。

科学家们相信，至少在月球诞生10亿年以后，炽热、熔融的地球表面才冷却、变硬，形成地壳。但究竟是否如此，则无人知道，因为地球的地质变化无常，最早的地壳如今早已荡然无存。然而，现在有新的惊人证据出现，已不得不让人重新思考地壳的形成历史。

在澳大利亚西部的岩石中，地质学家发现了微小的锆石晶体。和沙粒大小差不多的锆石，却和金刚石一样坚硬。锆石也是原始地球的遗物，是熔岩冷却成固体地壳时的产物。所以，锆石的年龄也就是地壳的年龄。

在澳大利亚发现的锆石中，有一粒的年龄竟然高达44亿年，这暗示地球可能在月球形成后不久就冷却形成了地壳。虽然现在还不清楚这种地壳在当时是"熔浆海洋"中的小岛还是大片的陆地，但是至少表明44亿年前地球就已经有了部分地壳。换句话说，地球形成后仅1.5亿年（而非以前认为的10亿年）就已经有

65

了地壳。但是这又引出了另一个奥秘:一旦地球冷却形成坚实的地面,地表就有可能积聚液态水,那么这一积聚是从何时开始的呢?

一些地质学家相信,答案就藏在那些锆石中。但锆石是如此稀少,因此哪怕只想找到几粒锆石,也必须研磨、筛滤成百上千千克的古代岩石。对锆石化学成分进行的分析显示,最古老的锆石中含有大量的氧–18(氧的一种同位素)。这只能由一种情况导致,那就是锆石晶体是在水中形成的。此消息传出后,科学界为之震惊——地球表面这么快就有了液态水?从锆石的年龄估算,在地球诞生仅2亿年后,地球上就形成了沐浴在原始海洋里的岛屿和小型大陆。也就是说,零点过后才50分钟,不仅月球已经诞生,而且地球的地壳也已成形,甚至就连液态水也已存在。

水是生命最关键的要素,一切生物体都必须有水才能存活。最终,水将覆盖四分之三的地球表面。事实上,地球海洋中所包含水量的总和接近1亿万亿加仑,这可是一个令人简直无法想象的天文数字。那么,这些水是从哪里来的呢?

听起来或许有点怪,但实际情况可

能就是这样：这么多的水一开始就存在，只不过是藏在某个地方。解开这一谜团的关键之一是火山。在地球的婴幼儿时期，火山一直在把大量的水蒸气喷进地球大气层。接着，随着地球的逐渐冷却，水蒸气凝结成雨，一滴一滴地聚集在地球的低洼地带。事实上，这样的过程直到现在也未停止。比如，从夏威夷火山链喷出的气体的主要成分就是水蒸气。

但也有一些科学家认为，仅仅依靠火山喷出的水蒸气来形成如此巨大的地球海洋，不知需要多么漫长的时间。换句话说，地球海洋的形成一定还借助了某种外力。具体而言，地球海洋中的水或许来自外太空，是由富含水冰的大型彗星带到地球表面的。当时那些天地大碰撞的证据如今已不复存在，因为原始地球表面早已被冲蚀、毁坏了。不过，有一个地方依旧保存着早期大碰撞时代的记录，这个地方就是——月球。

另一种解释，是火山喷发喷出大量的水。对今天活火山的研究，的确伴随滚滚浓烟，炽热熔浆的喷发，是有大量水蒸气释放到地球的大气中。在喷出的气体中，水汽占75%，数量的确很大。如美国阿拉斯加有一座叫"万烟谷"的火山，在

每年喷出的气体中水汽就有6600万吨。自地球诞生至今，也不知多少火山喷发过，其次数也无法统计，喷出来的水汽就更多了。有的科学家甚至认为，至少地球上现有水的一半来自火山喷出的水汽。火山为什么能喷发水汽？因为地下深处的岩石、岩浆里含有相当丰富的水。火山一喷发，因为熔岩温度高，把岩浆里的水自然蒸发，逸出地球表面。这些水汽到了高空遇到冷气，凝结成水，最终落到地上，形成涓涓水流，进入海洋。据科学家研究，早期地球很热，大约在6亿年前，地球表面的温度才降到30℃，此时大气中的水汽有99%降落到地面，地球上才开始有海洋及江河湖泊。水是生命之源，只有有了水，地球上才开始有生物。

但是，也有科学家认为地球上的水来自冰陨石。什么是冰陨石？就是来自宇宙空间的以冰的形式落到地球上的陨石，因为它的组成主要成分是冰。关于冰陨石不仅美国、西班牙等国均有发现，而且在我国也有报道。如1983年我国江苏无锡市就有一块直径5—60厘米的冰陨石降落到地。落到地面的冰陨石比较小，大多在大气层融化掉，它们成了大气水蒸气的重要来源之一。科学家说，地球一年之中可从冰陨石获得10亿吨水。

水的基本信息 >

　　水是由氢、氧两种元素组成的无机物，在常温常压下为无色无味的透明液体。水是地球上最常见的物质之一，是包括人类在内所有生命生存的重要资源，也是生物体最重要的组成部分，水在生命演化中起到了重要的作用。

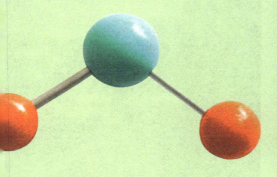

● 物理性质

　　通常是无色、无味的液体

　　沸点：100℃（海拔为0m，气压为1个标准大气压时）。

　　凝固点：0℃

　　最大相对密度时的温度：3.98℃

　　比热容：4.186J/（g·℃）0.1MPa 15℃ 2.051J/（g·℃）0.1MPa 100℃

　　密度：1000 kg/m³（4℃时）。冰的密度比水小

　　临界温度：374.2℃

　　浮力分类：悬浮、漂浮、沉底、上浮、下沉。

● 化学性质

　　化学式：H_2O

　　结构式：H—O—H（两氢氧间夹角104.5°）。

　　相对分子质量：18.016

　　化学实验：水的电解。

　　化学成分组成：氢原子、氧原子。

水在摩擦中的两面性 〉

　　在粗糙的物体表面有能摸得着的水时，水会减小摩擦，例如：家里的地板砖，特别是浴室和厨房的地板砖上沾有了水，会使2个相互接触的物体彼此分离而减小摩擦力；下雨天汽车不能开得太快；在有水的地板上行走容易摔跤等。在粗糙的物体表面有极少的（摸不到，有湿润感觉）水时，会增加物体表面的粗糙程度，增大摩擦力。例如：数钞票时，在手上沾上些水，数钱会又快又准等。

〉 与水有关的古文

　　水，准也。——《说文》

　　水，准也。准，平也。天下莫平于水。——《释名》

　　积阴之寒气为水。——《淮南子·天文》

　　五行一曰水。——《书·洪范》

　　凡平原出水为大水。——《左传·桓公元年》

　　水曰清涤。——《礼记·曲礼》

　　冰，水为之，而寒于水。——《荀子·劝学》

　　刘豫州王室之胄，英才盖世，众士慕仰，若水之归海。——宋·司马光《资治通鉴》

　　在水之湄。——《诗·秦风·蒹葭》

　　去来江口守空船，绕船月明江水寒。——唐·白居易《琵琶行（并序）》

　　水府幽深，寡人暗昧，夫子不远千里，将有为乎？——唐·李朝威《柳毅传》

　　刘备、周瑜水陆并进。——宋·司马光《资治通鉴》

　　故尧禹有九年之水，汤有七年之旱。——汉·晁错《论贵粟疏》

　　曰：天地有法乎？曰：水旱疾疫，即天地调剂之法也。——清·洪亮吉《治平篇》

水的用途 >

• 人类的生命之源

　　在地球上，哪里有水，哪里就有生命。一切生命活动都是起源于水的。人体内的水分，大约占到体重的 65%。其中，脑髓含水 75%，血液含水 83%，肌肉含水 76%，连坚硬的骨胳里也含水 22% 呢！没有水，食物中的养料不能被吸收，废物不能排出体外，药物不能到达起作用的部位。人体一旦缺水，后果是很严重的。缺水 1%—2%，感到渴；缺水 5%，口干舌燥，皮肤起皱，意识不清，甚至幻视；缺水 15%，往往甚于饥饿。没有食物，人可以活较长时间（有人估计为两个月），如果连水也没有，顶多能活一周左右。

• 植物的生命源泉

　　用手抓一把植物，你会感到湿漉漉的，凉丝丝的，这是水的缘故。植物含有大量的水，约占体重的 80%，蔬菜含水 90%—95%，水生植物竟含水 98% 以上。水替植物输送养分；水使植物枝叶保持婀娜多姿的形态；水参加光合作用，制造有机物；水的蒸发，使植物保持稳定的温度不致被太阳灼伤。植物不仅满身是水，作物一生都在消耗水。1 千克玉米，是用 368 千克水浇灌出来的；同样的，小麦是 513 千克水，棉花是 648 千克水，水稻竟高达 1000 千克水。一籽下地，万粒归仓，农业的大丰收，水立下了不小的功劳哩！

71

• 工业的血液

　　水，参加了工矿企业生产的一系列重要环节，在制造、加工、冷却、净化、空调、洗涤等方面发挥着重要的作用，被誉为工业的血液。例如，在钢铁厂，靠水降温保证生产；钢锭轧制成钢材，要用水冷却；高炉转炉的部分烟尘要靠水来收集；锅炉里更是离不了水，制造1吨钢，大约需用25吨水。水在造纸厂是纸浆原料的疏解剂、解释剂、洗涤运输介质和药物的溶剂，制造1吨纸需用450吨水。火力发电厂冷却用水量十分巨大，同时，也消耗部分水。食品厂的和面、蒸馏、煮沸、腌制、发酵都离不了水，酱油、醋、汽水、啤酒等，干脆就是水的化身。

　　"水刀"作为一种新型科技成果，为化工领域、石油领域、煤炭领域做出了卓越的贡献。原理是利用高压水来对物体进行切割；现代工业中"便携式水切割"的出现具有划时代的意义。

水的分类 〉

软水：硬度低于8度的水为软水。（不含或较少含有钙镁化合物）

硬水：硬度高于8度的水为硬水。（含较多的钙镁化合物）。硬水会影响洗涤剂的效果；锅炉用水硬度高了十分危险，不仅浪费燃料，而且会使锅炉内管道局部过热，易引起管道变形或损坏；人长期饮用危害健康。硬水加热会有较多的水垢。

饮用水根据氯化钠的含量，可以分为：

淡水、咸水、生物水：在各种生命体系中存在的不同状态的水。

天然水：鱼。

土壤水：贮存于土壤内的水。

地下水：贮存于地下的水。

超纯水：纯度极高的水，多用于集成电路工业。

结晶水：又称水合水。在结晶物质中，以化学键力与离子或分子相结合的、数量一定的水分子。

73

水的影响 >

• 对气候的影响

水对气候具有调节作用。大气中的水汽能阻挡地球辐射量的 60%，保护地球不致冷却。海洋和陆地水体在夏季能吸收和积累热量，使气温不致过高；在冬季则能缓慢地释放热量，使气温不致过低。

海洋和地表中的水蒸发到天空中形成了云，云中的水通过降水落下来变成雨，冬天则变成雪。落于地表上的水渗入地下形成地下水；地下水又从地层里冒出来，形成泉水，经过小溪、江河汇入大海，形成一个水循环。

雨雪等降水活动对气候形成重要的影响。在温带季风性气候中，夏季风带来了丰富的水汽，夏秋多雨，冬春少雨，形成明显的干湿两季。

此外，在自然界中，由于不同的气候条件，水还会以冰雹、雾、露水、霜等形态出现并影响气候和人类的活动。

• 对地理的影响

地球表面有 71% 被水覆盖，从空中来看，地球是个蓝色的星球。水侵蚀岩石土壤，冲淤河道，搬运泥沙，营造平原，改变地表形态。

地球表层水体构成了水圈，包括海洋、河流、湖泊、沼泽、冰川、积雪、地下水和大气中的水。由于注入海洋的水带有一定的盐分，加上常年的积累和蒸发作用，海和大洋里的水都是咸水，不能被直接饮用。某些湖泊的水也是含盐水。世界上最大的水体是太平洋。北美的五大湖是最大的淡水水系。欧亚大陆上的里海是最大的咸水湖。

• 对生命的影响

水是生命的源泉。人对水的需要仅次于氧气。人如果不摄入某一种维生素或矿物质，也许还能继续活几周或带病活上若干年，但人如果没有水，却只能活几天。

人体细胞的重要成分是水，水占成人体重的60%—70%，占儿童体重的80%以上。水分有什么作用呢？

1.人的各种生理活动都需要水，如水可溶解各种营养物质，脂肪和蛋白质等要成为悬浮于水中的胶体状态才能被吸收；水在血管、细胞之间川流不息，把氧气和营养物质运送到组织细胞，再把代谢废物排出体外，总之人的各种代谢和生理活动都离不开水。

2.水在体温调节上有一定的作用。当人呼吸和出汗时都会排出一些水分。比如炎热季节，环境温度往往高于体温，人就靠出汗，使水分蒸发带走一部分热量，来降低体温，使人免于中暑。而在天冷时，由于水贮备热量的潜力很大，人体不致因外界温度低而使体温发生明显的波动。

3.水还是体内的润滑剂。它能滋润皮肤。皮肤缺水，就会变得干燥失去弹性，显得面容苍老。体内一些关节囊液、浆膜液可使器官之间免于摩擦受损，且能转动灵活。眼泪、唾液也都是相应器官的润滑剂。

4.水是世界上最廉价 最有治疗力量

的奇药。矿泉水和电解质水的保健和防病作用是众所周知的。主要是因为水中含有对人体有益的成分。当感冒、发热时，多喝开水能帮助发汗、退热、冲淡血液里细菌所产生的毒素；同时，小便增多，有利于加速毒素的排出。

5. 大面积烧伤以及发生剧烈呕吐和腹泻等症状，体内大量流失水分时，都需要及时补充液体，以防止严重脱水，加重病情。

6. 睡前喝一杯水有助于美容。上床之前，你无论如何都要喝一杯水，这杯水的美容功效非常大。当你睡着后，那杯水就能渗透到每个细胞里。细胞吸收水分后，皮肤就更娇柔细嫩。

7. 入浴前喝一杯水常葆肌肤青春活力。沐浴前一定要先喝一杯水。沐浴时的汗量为平常的两倍，体内的新陈代谢加速，喝了水，可使全身每一个细胞都能吸收到水分，创造出光润细柔的肌肤。

8. 需要指出的是，对老人和儿童来说，自来水煮沸后饮用是最利于健康的，目前市场上出售的净水器，净化后会降低水内的矿物质，长期饮用效果并不如天然水源。

9. 水在细胞中主要是以游离态存在的，可以自由流动，加压易析出，易蒸发，称为自由水。水是细胞内良好的溶剂，成为各种代谢反应的介质。自由水在细胞中的含量越多，细胞代谢就越旺盛。一部分水和其他物质结合，不能自由流动，称为结合水。结合水含量越多，生物对不良环境的抗性就越强，如：抗旱、扩寒等。

DA ZI RAN DE LI WU SHUI YU KONG QI

 对水的崇拜

在人类的童年时期，对于水兼有养育与毁灭能力、不可捉摸的性情，产生了又爱又怕的感情，产生了水崇拜。通过赋予水以神的灵性，祈祷水给人类带来安宁、丰收和幸福。中国传统上的龙王就是对水的神格化。凡有水域、水源处皆有龙王，龙王庙、堂遍及全国各地。祭龙王祈雨是中国传统的信仰习俗。

健康水的国际最新标准 >

1.不含有害人体健康的物理性、化学性和生物性污染。

2.含有适量的有益于人体健康，并呈离子状态的矿物质（钾、镁、钙等含量在100mg/L）。

3.水的分子团小，溶解力和渗透力强。

4.水中含有溶解氧（6mg/L左右），含有碳酸根离子。

5.呈负电位，可以迅速、有效地清除体内的酸性代谢产物和多余的自由基及各种有害物质。

6.水的硬度适度，介于50—200mg/L（以碳酸钙计）。

到目前为止，只有弱碱性呈离子态的水能够完全符合以上标准。因此它不仅适合健康人长期饮用，而且也由于它具有明显的调节肠胃功能、调节血脂、抗氧化、抗疲劳和美容作用，也非常适合胃肠病、糖尿病、高血压、冠心病、肾脏病、肥胖、便秘和过敏性疾病等体质酸化患者辅助治疗。

什么是蒸馏水？ >

蒸馏水是指用蒸馏方法制备的纯水。可分一次和多次蒸馏水。水经过一次蒸馏，不挥发的组分残留在容器中被除去，挥发的组分进入蒸馏水的初始馏分中，通常只收集馏分的中间部分，约占60%。要得到更纯的水，可在一次蒸馏水中加入碱性高锰酸钾溶液，除去有机物和二氧化碳；加入非挥发性的酸，使氨成为不挥发的铵盐。由于玻璃中含有少量能溶于水的组分，因此进行二次或多次蒸馏时，要使用石英蒸馏器皿，才能得到很纯的水，所得纯水应保存在石英或银制容器内里。

水也会衰老 >

通常我们只知道动物和植物有衰老的过程，其实水也会衰老，而且衰老的水对人体健康有害。据科研资料表明，水分子是主链状结构，水如果不经常受到撞击，也就是说水不经常处于运动状态，而是静止状态时，这种链状结构就会不断扩大、延伸，就变成俗称的"死水"，这就是衰老了的老化水。现在许多桶装或瓶装的纯净水，从出厂到饮用，中间常常要存放相当长一段时间。桶装或瓶装的饮用水，被静止状态存放超过3天，就会变成衰老了的老化水，就不宜饮用了。未成年人如常饮用存放时间超过3天的桶装或瓶装水会使细胞的新陈代谢明显减慢，影响生长发育，而中老年人常饮用这类变成老化水的桶装或瓶装水，就会加速衰老。专家研究提出，近年来，许多地区食道癌及胃癌发病率增多，可能与饮用储存较长时间的水有关。研究表明，刚被提取的、处于经常运动、撞击状态的深井水，每升仅含亚硝酸盐0.017毫克。但在室温下储存3天，就会上升到0.914毫克，原来不含亚硝酸盐的水，在室温下存放一天后，每升水也会产生亚硝酸盐0.0004毫克，3天后可上升0.11毫克，20天后则高达0.73毫克，而亚硝盐可转变为致癌物亚硝胺。有关专家指出：对桶装水想用则用，不用则长期存放，这种饮水习惯是不健康的。

水污染分类 〉

水的污染有两类：一类是自然污染；另一类是人为污染。当前对水体危害较大的是人为污染。水污染可根据污染杂质的不同而主要分为化学性污染、物理性污染和生物性污染三大类：

• 化学性污染

污染杂质为化学物品而造成的水体污染。化学性污染根据具体污染杂质可分为6类：

（1）无机污染物质：污染水体的无机污染物质有酸、碱和一些无机盐类。酸碱污染使水体的pH值发生变化，妨碍水体自净作用，还会腐蚀船舶和水下建筑物，影响渔业。

（2）无机有毒物质：污染水体的无机有毒物质主要是重金属等有潜在长期影响的物质，主要有汞、镉、铅、砷等元素。

（3）有机有毒物质：污染水体的有机有毒物质主要是各种有机农药、多环芳烃、芳香烃等。它们大多是人工合成的物质，化学性质很稳定，很难被生物分解。

（4）需氧污染物质：生活污水和某些工业废水中所含的碳水化合物、蛋白质、脂肪和酚、醇等有机物质可在微生物的作用下进行分解。在分解过程中需要大量氧气，故称之为需氧污染物质。

（5）植物营养物质：主要是生活与工业污水中的含氮、磷等植物营养物质，以及农田排水中残余的氮和磷。

（6）油类污染物质：主要指石油对水体的污染，而海洋采油和油轮事故污染最甚。

• 物理性污染

物理性污染包括：

（1）悬浮物质污染：悬浮物质是指水中含有的不溶性物质，包括固体物质和泡沫塑料等。它们是由生活污水、垃圾和采矿、采石、建筑、食品加工、造纸等产生的废物泄入水中或农田的水土流失所引起的。悬浮物质影响水体外观，妨碍水中植物的光合作用，减少氧气的溶入，对水生生物不利。

（2）热污染：来自各种工业过程的冷却水，若不采取措施，直接排入水体，可能引起水温升高、溶解氧含量降低、水中存在的某些有毒物质的毒性增加等现象，从而危及鱼类和水生生物的生长。

（3）放射性污染：由于原子能工业的发展，放射性矿藏的开采，核试验和核电站的建立以及同位素在医学、工业、研究等领域的应用，使放射性废水、废物显著增加，造成一定的放射性污染。

• 生物性污染

生活污水，特别是医院污水和某些工业废水污染水体后，往往可以带入一些病原微生物。例如某些原来存在于人畜肠道中的病原细菌，如伤寒、副伤寒、霍乱细菌等都可以通过人畜粪便的污染而进入水体，随水流动而传播。一些病毒，如肝炎病毒、腺病毒等也常在污染水中发现。某些寄生虫病，如阿米巴痢疾、血吸虫病、钩端螺旋体病等也可通过水进行传播。由此看出保护我们的地球环境、防止工业污染和病原微生物对水体的污染也是保护环境，更是保障人体健康的一大课题。

81

取用方法 ＞

生命离不开水，没有食物人可以活一周或更多，但没有水，三天都不一定能活。在缺少露天水源的野外困境中，是否能够即时找到水决定是否能够生存下去。

教你 3 个办法在艰苦的环境中找水：地下取水、日光蒸馏水和植物中取水。

• 地下取水

寻找地下水源的首选之地就是地表早已干枯的溪流与河流的河床地区。虽然这些地方的地表早已无水，但是在它们的地表下往往能找到丰富的地下水。

• 日光蒸馏水

日光蒸馏取水法特别适用于沙漠地区，在地面挖一个长宽约 90 厘米、深 45 厘米的坑，坑底部中央放一水壶，在坑上放一块塑料薄膜，用石头或沙土将薄膜的四周固定在坑沿，然后在塑料膜的中央部分吊一石块确保塑料膜呈弧形，以便水滴能顺利滑至中央底部并落入收集器中。

太阳的照射使坑内潮湿土壤和空气的温度升高，蒸发产生水汽。水汽逐渐饱和，与塑料膜接触遇冷凝结成水珠，下滑至水壶中，这种方法在一天之内能收集大约半升水。

• 植物中取水

通过凝结植物的水汽来收集水分。在一段健壮枝叶浓密的树木嫩枝上套一个塑料袋，放袋子的时候要注意使袋口朝上，袋的一角向下，这样便于接收叶面蒸腾作用产生的凝结水。因为蒸腾作用产生的水汽上升与薄膜接触时遇冷后就会凝结成水滴。应让凝结的水珠沿着薄膜内壁流入底部收集器中。

为什么冬天湖水只有上层结冰？ 〉

如果你说是上层的湖水接触冷空气，所以先冷下来结冰，那就要笑话你没常识了。流动液体的传热方式是对流。做个小实验就可以说明了，拿一杯子在常温会凝固的随便什么油，加热溶化它，然后让它随室温凝固下来，并不停用一根细棒探探虚实。奇怪吗，你会看到整个杯子的油似乎都在均匀的凝固。实际上你搅拌的时候，会发现底层所要用的力比上层大得多，也就是说如果你的杯子再大些深些，则一定于某时会看到底部的油已经凝固，而上层仍然保持液体的状态。

我们知道，如果物体所受外界压力不变，大多数物体的体积都随温度的升高而增大，即热胀冷缩。与大多数物质的性质相反，在0到4摄氏度的温度范围内，水的体积却随温度的升高而减小，这就是说，水在0到4摄氏度之间是冷胀热缩。

水的这一反常性质，对江河湖泊中的动植物的生命有着重要的影响和意义。

当寒冷的冬天来临后，随着气温的降低，江河湖泊中的水温也随之下降。考虑某一湖泊，假设其全部湖水处于某一温度如10摄氏度，再假设湖面上空气的温度为−10摄氏度，于是湖表面的水就会变冷，比如说

83

温度降到9摄氏度，这部分水因变冷而收缩，其密度比底下较暖的水大，因而沉入下面密度较小的水中，下面的10摄氏度的水上升。

冷水的下沉引起一个混合过程，此过程一直持续到湖泊中的所有水冷却到4摄氏度为止。但是表面的水还要被冷空气继续冷却降温，表面水的温度进一步降低，又比如降到3摄氏度，这部分水的体积不但不缩小反而膨胀，即表面水的密度比下面小，因而就浮在水面上不再下沉。

对流和混合此时都停止了（当然扩散不会停止），表面下的水基本上靠热传导散失内能。水是热的不良导体，这样散热是比较慢的。表面水的温度，先于下面的水降至0摄氏度、开始结冰。

冰的密度比水小，所以一直浮在水面上而不下沉。冰下面的水，从上到下温度为0摄氏度到4摄氏度，从上到下逐渐结冰。由于通过热传导而向上散热，比较慢，并且有地热由底下向上传导，因此冻结的速度是缓慢的。若湖泊的水很深，湖水是不会被冻透的，湖泊中生存的动植物就可以在靠近湖底的4摄氏度的水中安然过冬，免遭冻死的厄运。

如果水的性质也像其他大多数物质那样，在全部温度范围内都是热胀冷缩的，那么温度较高的水不断升到水面，向空气散热，湖泊中水的冻结就会从底部开始，从而容易导致湖泊中的水全部冻结。这样一来，就毁掉了湖泊中的一切经不起冻结的生命。

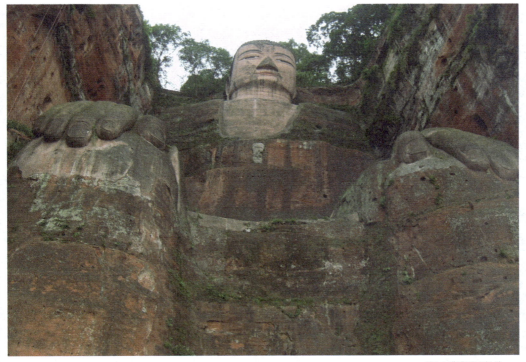

乐山大佛遭酸雨侵蚀

酸雨的成因 >

  酸雨的成因是一种复杂的大气化学和大气物理的现象。酸雨中含有多种无机酸和有机酸，绝大部分是硫酸和硝酸，还有少量灰尘。

  酸雨是工业高度发展而出现的副产物，由于人类大量使用煤、石油、天然气等化石燃料，燃烧后产生的硫氧化物或氮氧化物，在大气中经过复杂的化学反应，形成硫酸或硝酸气溶胶，或为云、雨、雪、雾捕捉吸收，降到地面成为酸雨。如果形成酸性物质时没有云雨，则酸性物质会以重力沉降等形式逐渐降落在地面上，这叫作干性沉降，以区别于酸雨、酸雪等湿性沉降。干性沉降物在地面遇水时复合成酸。酸云和酸雾中的酸性由于没有得到直径大得多的雨滴的稀释，因此它们的酸性要比酸雨强得多。高山区由于经常有云雾缭绕，因此酸雨区高山上森林受害最重，常成片死亡。硫酸和硝酸是酸雨的主要成分，约占总酸量的90%以上，我国酸雨中硫酸和硝酸的比例约为10：1。

85

江河湖海

河流的重要作用 >

河流是地球上水分循环的重要路径，对全球的物质、能量的传递与输送起着重要作用。流水还不断地改变着地表形态，形成不同的流水地貌，如冲沟、深切的峡谷、冲积扇、冲积平原及河口三角洲等。在河流密度大的地区，广阔的水面对该地区的气候也具有一定的调节作用。

地形、地质条件对河流的流向、流程、水系特征及河床的比降等起制约作用。河流流域内的气候，特别是气温和降水的变化，对河流的流量、水位变化、冰情等影响很大。土质和植被的状况又影响河流的含沙量。一条河流的水文特征是多方面因素综合作用的结果，例如河流的含沙量，既受土质状况、植被覆盖情况的影响，又受气候因素的影响；降水强度不同，冲刷侵蚀的能力就不同，因此在土质植被状况相同的情况下，暴雨中心区域的河段含沙量就相应较大。

河流与人类的关系极为密切，因为河流暴露在地表，河水取用方便，是人类可依赖的最主要的淡水资源，也是可更新的能源。

河流分类 〉

• 陆地河流

　　陆地河流泛指地球表面天然水流。每条河流都有河源和河口。河源是指河流的发源地，有的是泉水，有的是湖泊、沼泽或是冰川，各河河源情况不尽一样。河口是河流的终点，即河流汇入海洋、其他河流（例如支流汇入干流）、湖泊、沼泽或其他水体的地方。在干旱的沙漠区，有些河流河水沿途消耗于渗漏和蒸发，最后消失在沙漠中，这种河流称为"瞎尾河"。

　　除河源和河口外，每一条河流根据水文和河谷地形特征，分为上、中、下游三段。上游比降大，流速大，冲刷占优势，河槽多为基岩或砾石；中游比降和流速减小，流量加大，冲刷、淤积都不严重，但河流侵蚀有所发展，河槽多为粗砂。下游比降平缓，流速较小，但流量大，淤积占优势，多浅滩或沙洲，河槽多细砂或淤泥。通常大江大河在入海处都会分多条入海，形成河口三角洲。通常把流入海洋的河流称为外流河，补给外流河的流域范围称为外流流域。流入内陆湖泊或消失于沙漠之中的这类瞎尾河称为内流河，补给内流河的流域范围称为内流流域。我国外流流域面积占全国面积的 63.76%。为沟通不同河流、水系与海洋，发展水上交通运输而开挖的人工河道称为运河，也称渠。为分泄河流洪水，人工开挖的河道称为减河。

DA ZI RAN DE LI WU SHUI YU KONG QI

• *海底河流*

　　海底河流，是指在重力的作用下，经常或间歇地沿着海底沟槽呈线性流动的水流。

　　海底河流也像陆地河流一样，能够冲出深海平原。只是深海平原就像海洋世界中的沙漠一样荒芜，这些地下河渠能够将生命所需的营养成分带到这些沙漠中来。因此，这些海下河流非常重要，就像是为深海生命提供营养的动脉。英国科学家2010年7月底在黑海下发现一条巨大海底河流，深达38米，宽达800多米。按照水流量标准计算，这条海底河流堪称世界上第六大河。像陆地河流一样，海底河流也有纵横交错的河渠、支流、冲积平原、急流甚至瀑布。

流经国家最多的河——多瑙河 >

多瑙河是一条著名的国际河流，是世界上流经国家最多的河流。

它发源于德国西南部黑林山东麓海拔679米的地方，自西向东流经奥地利、捷克、斯洛伐克、匈牙利、克罗地亚、前南斯拉夫、保加利亚、罗马尼亚、乌克兰等9个国家后，流入黑海。多瑙河全长2860千米，是欧洲第二大河。多瑙河像一条蓝色的飘带蜿蜒在欧洲的大地上。

多瑙河沿途接纳了300多条大小支流，形成的流域面积达81.7万平方千米，比中国的黄河还要大。多瑙河年平均流量为6430立方米/秒，入海水量为203立方千米。

多瑙河两岸有许多美丽的城市，如同一颗颗璀璨的明珠，镶嵌在这条蓝色的飘带上。蓝色的多瑙河缓缓穿过市区，古老的教堂、别墅与青山秀水相映，风光绮丽，十分优美。

世界最长的河——尼罗河 ❯

　　尼罗河纵贯非洲大陆东北部，流经布隆迪、卢旺达、坦桑尼亚、乌干达、埃塞俄比亚、苏丹、埃及，跨越世界上面积最大的撒哈拉沙漠，最后注入地中海。流域面积约335万平方千米，占非洲大陆面积的九分之一，全长6650千米，年平均流量每秒3100立方米，为世界最长的河流。尼罗河流域分为7个大区：东非湖区高原、山岳河流区、白尼罗河区、青尼罗河区、阿特巴拉河区、喀土穆以北尼罗河区和尼罗河三角洲。最远的源头是布隆迪东非湖区中的卡盖拉河的发源地。该河北流，经过坦桑尼亚、卢旺达和乌干达，从西边注入非洲第一大湖维多利亚湖。尼罗河干流就源起该湖，称维多利亚尼罗河。河流穿过基奥加湖和艾伯特湖，流出后称艾伯特尼罗河，该河与索巴特河汇合后，称白尼罗河。另一条源出中央埃塞俄比亚高地的青尼罗河与白尼罗河在苏丹的喀土穆汇合，然后在达迈尔以北接纳最后一条主要支流阿特巴拉河，称尼罗河。尼罗河由此向西北绕了一个S形，经过3个瀑布后注入纳塞尔水库。河水出水库经埃及首都进入尼罗河三角洲后，分成若干支流，最后注入地中海东端。

含沙量最大的河——黄河 ›

黄河发源于青藏高原巴颜喀拉山北麓的约古宗列盆地西南缘的雅拉达泽，曲折穿行于黄土高原、华北平原，最后在山东垦利县注入勃海。全长5464千米，有40多条主要支流，流域面积75万平方千米，是中国第二大河。黄河以泥沙含量高而闻名于世。其含沙量居世界各大河之冠。据计算，黄河从中游带下的泥沙每年约有16亿吨之多，如果把这些泥沙堆成1米高、1米宽的土墙，可以绕地球赤道27圈。"一碗水半碗泥"的说法，生动地反映了黄河的这一特点。黄河多泥沙是由于其流域为暴雨区，而且中游两岸大部分为黄土高原。大面积深厚而疏松的黄土，加之地表植被破坏严重，在暴雨的冲刷下，滔滔洪水挟着滚滚黄沙一股脑儿地泻入黄河。由于河水中泥沙过多，使下游河床因泥沙淤积而不断抬高，有些地方河底已经已经高出两岸地面，成为"悬河"。因此，黄河的防汛历来是国家的重要大事。新中国成立以来，国家在改造黄河方面投入了大量人力物力，黄河两岸的水害逐渐减少，昔日的黄泛区变成了当地人民的美好家园。但是，人们与黄河的斗争还远没有结束，控制水土流失、拦洪筑坝、加固黄河大堤还是十分艰巨的工作。

流量最大的河流——亚马孙河 >

　　亚马孙河是世界流域面积最大的河流，亚马孙河流经的亚马孙平原是世界上面积最大的平原。亚马孙河是世界上流量最大、流域面积最广的河流。其长度仅次于尼罗河（约6400千米），为世界第二大河。

　　据估计，所有在地球表面流动的水约有20%—25%在亚马孙河。河口宽达240千米，泛滥期流量达每秒18万立方米，是密西西比河的10倍。泻水量如此之大，使距岸边160千米内的海水变淡。已知支流有1000多条，其中7条长度超过1600千米。亚马孙河沉积下的肥沃淤泥滋养了65000平方千米的地区，它的流域面积约705万平方千米，几乎是世界上任何其他大河流域的两倍。

世界最大内流河——伏尔加河 〉

伏尔加河是欧洲第一长河，发源于俄罗斯加里宁州奥斯塔什科夫区、瓦尔代丘陵东南的湖泊间，源头海拔228米。自源头向东北流至雷宾斯克转向东南，至古比雪夫折向南，流至伏尔加格勒后，向东南注入里海。

河流全长3688公里，流域面积138万平方公里，河口多年平均流量约为8000立方米/秒，年径流量为2540亿立方米。

伏尔加河干流总落差256米，平均坡降0.007。河流流速缓慢，河道弯曲，多沙洲和浅滩，两岸多牛轭湖和废河道。在伏尔加格勒以下，由于流经半荒漠和荒漠，水分被蒸发，没有支流汇入，流量降低。伏尔加河在河口的三角洲上分成80条汊河注入里海。

海水温度 ❯

海水温度是反映海水热状况的一个物理量。世界海洋的水温变化一般在-2℃—30℃之间，其中年平均水温超过20℃的区域占整个海洋面积的一半以上。海水温度有日、月、年、多年等周期性变化和不规则的变化，它主要取决于海洋热收支状况及其时间变化。一般来说，影响海洋表层水温的因素有潮汐、太阳辐射、沿岸地形、气象、洋流等。经直接观测表明：海水温度日变化很小，变化水深范围从0—30米处，而年变化可到达水深350米左右处。在水深350米左右处，有一个恒温层。但随深度增加，水温逐渐下降（每深1000米，约下降1℃—2℃），在水深3000—4000米处，温度达到2℃—1℃。海水温度是海洋水文状况中最重要的因子之一，常作为研究水团性质，描述水团运动的基本指标。研究海水温度的时间分布及变化规律，不仅是海洋学的重要内容，而且对气象学、航海学、捕捞业和水声等学科也很重要。

DA ZI RAN DE LI WU SHUI YU KONG QI

海洋影响气候 ＞

　　海洋是地球上决定气候发展的主要的因素之一。海洋本身就是地球表面最大的储热体。海流是地球表面最大的热能传送带。海洋与空气之间的气体交换（其中最主要的有水汽、二氧化碳和甲烷）对气候的变化和发展有极大的影响。

海水运动 ＞

　　海水水体以及海洋中的各种组成物质，构成了对人类生存和发展有着重要意义的海洋环境。海水运动是海洋环境的核心内容。

• 波浪运动

　　海水受海风的作用和气压变化等影响，促使它离开原来的平衡位置，而发生向上、向下、向前和向后方向的运动。这就形成了海上的波浪。波浪是一种有规律的周期性的起伏运动。当波浪涌上岸边时，由于海水深度愈来愈浅，下层水的上下运动受到了阻碍，受物体惯性的作用，海水的波浪一浪叠一浪，越涌越多，一浪高过一浪。与此同时，随着水深的变浅，下层水的运动，所受阻力越来越大，以至于到最后，它的运动速度慢于上层的运动速度，受惯性作用，波浪最高处向前倾倒，摔到海滩上，成为飞溅的浪花。

• 潮汐

由于日、月的吸引力的作用，使地球的岩石圈、水圈和大气圈中分别产生的周期性的运动和变化的总称。固体地球在日、月引潮力作用下引起的弹性—塑性形变，称固体潮汐，简称固体潮或地潮；海水在日、月引潮力作用下引起的海面周期性的升降、涨落与进退，称海洋潮汐，简称海潮；大气各要素（如气压场、大气风场、地球磁场等）受引潮力的作用而产生的周期性变化（如 8、12、24 小时）称大气潮汐，简称气潮。其中由太阳引起的大气潮汐称太阳潮，由月球引起的称太阴潮。因月球距地球比太阳近，故月球与太阳引潮力之比约为 11:5，对海洋而言，太阴潮比太阳潮显著。地潮、海潮和气潮的原动力都是日、月对地球各处引力不同而引起的，三者之间互有影响。大洋底部地壳的弹性—塑性潮汐形变，会引起相应的海潮，即对海潮来说，存在着地潮效应的影响；而海潮引起的海水质量的迁移，改变着地壳所承受的负载，使地壳发生可复的变曲。气潮在海潮之上，它作用于海面上引起其附加的振动，使海潮的变化更趋复杂。作为完整的潮汐科学，其研究对象应将地潮、海潮和气潮作为一个统一的整体，但由于海潮现象十分明显，且与人们的生活、经济活动、交通运输等关系密切，因而习惯上将潮汐一词狭义理解为海洋潮汐。

• 洋流

　　洋流又称海流，海洋中除了由引潮力引起的潮汐运动外，海水沿一定途径的大规模流动。引起海流运动的因素可以是风，也可以是热盐效应造成的海水密度分布的不均匀性。前者表现为作用于海面的风应力，后者表现为海水中的水平压强梯度力。加上地转偏向力的作用，便造成海水既有水平流动，又有垂直流动。由于海岸和海底的阻挡和摩擦作用，海流在近海岸和接近海底处的表现，和在开阔海洋上有很大的差别。大洋中深度小于二三百米的表层为风漂流层，行星风系作用在海面的风应力和水平湍流应力的合力，与地转偏向力平衡后，便生成风漂流。行星风系风力的大小和方向，都随纬度变化，导致海面海水的辐合和辐散。海流对海洋中多种物理过程、化学过程、生物过程和地质过程，以及海洋上空的气候和天气的形成及变化，都有影响和制约的作用，故了解和掌握海流的规律、大尺度海－气相互作用和长时期的气候变化，对渔业、航运、排污和军事等都有重要意义。

DA ZI RAN DE LI WU SHUI YU KONG QI

大海的颜色 〉

翻开世界地图集，黄海、红海、黑海、白海会映入我们的眼帘，这是海的颜色吗？

太阳光线眼看是白色；可它是由红、橙、黄、绿、青、蓝、紫7种可见光所组成。这7种光线波长各不相同，而不同深度的海水会吸收不同波长的光束。波长较长的红、橙、黄等光束射入海水后，先后被逐步吸收，而波长较短的蓝、青光束射入海水后，遇到海水分子或其他微细的、悬在海洋里的浮体，便向四面散射和反射，特别是海水对蓝光吸收得少，而反射得

多，越往深处越有更多的蓝光被折回到水面上来，因此，我们看到的海洋里的海水便是蔚蓝色一片了。

既然海水散射蓝色光，那么不论哪个大海都应该是蔚蓝色的，但实际上，海洋却是红、黄、蓝、白、黑五色俱全，这是由于某种海水变色的因素强于散射所生的蓝色时，海水就会改头换面，五彩缤纷了。

影响海水颜色的因素有悬浮质、离子、浮游生物等。大洋中悬浮质较少，颗粒也很微小，其水色主要取决于海水的光学性质，因此，大洋海水多呈蓝色；近

105

海海水，由于悬浮物质增多，颗粒较大，所以，近海海水多呈浅蓝色；近岸或河口地域，由于泥沙颜色使海水发黄；某些海区当淡红色的浮游生物大量繁殖时，海水常呈淡红色。

我国黄海，特别是近海海域的海水多呈土黄色且混浊，主要是从黄土高原上流进的又黄又浊的黄河水而染黄的，因而得名黄海。

不仅泥沙能改变海水的颜色，海洋生物也能改变海水的颜色。介于亚、非两洲间的红海，其一边是阿拉伯沙漠，另一边有从撒哈拉大沙漠吹来的干燥的风，海水水温及海水中含盐量都比较高，因而海内红褐色的藻类大量繁衍，成片的珊瑚以及海湾里的红色的细小海藻都为

之镀上了一层红色的色泽，所以看到的红海是淡红色的，因而得名红海。

由于黑海里跃层所起的障壁作用，使海底堆积大量污泥，这是促成黑海海水变黑的因素，另外，黑海多风暴、阴霾，特别是夏天狂暴的东北风，在海面上掀起灰色的巨浪，海水漆黑一片，故得名黑海。

白海是北冰洋的边缘海，深入俄罗斯西北部内陆，气象异常寒冷，结冰期达6个月之久。白海之所以得名是因为掩盖在海岸的白雪不化，厚厚的冰层冻结住它的港湾，海面被白雪覆盖。由于白色面上的强烈反射，致使我们看到的海水是一片白色。彩色的海，是大自然的杰作。

有趣的海

黑海，古希腊人称之为"胸怀宽广的海"。

死海，只是一个内陆盐湖，并不是真正意义上的海。

地中海，罗马人称之为"地球中央的海"。

爱琴海，是以一个古代雅典国王伊格尤斯的名字命名的。

7个海，这是一个古代水手的术语，意思是：红海、地中海、波斯湾、黑海、南海、里海和印度洋的总称。

死海

爱琴海

DA ZI RAN DE LI WU SHUI YU KONG QI

外星海洋 〉

古时人类曾认为月球表面上较暗的部分是海洋，故称之为月海，现在已经在月面上发现液态水。

火星上可能曾经有过大面积的海洋，但对此今天还没有完全的定论。

木星的卫星木卫二（欧罗巴）很有可能完全被海洋覆盖。其表面的冰层虽然有十多千米厚，但冰层下有流水几乎已被证实。木卫四（卡利斯托）可能也完全被海洋覆盖。

海王星的卫星海卫一（特里顿）的表面完全被一层冰覆盖。其冰层下可能已经没有流水了。

水循环 〉

地球表面各种形式的水体是不断相互转化的，水以气态、液态、固态的形式在陆地、海洋和大气间不断循环的过程就是水循环。形成水循环的内因是水在通常环境条件下气态、液态、固态易于转化的特性，外因是太阳辐射和重力作用，为水循环提供了水的物理状态变化和运动能量。

108

• 主要作用

水是一切生命机体的组成物质，也是生命代谢活动所必需的物质，水循环又是人类进行生产活动的重要资源。地球上的水分布在海洋、湖泊、沼泽、河流、冰川、雪山，以及大气、生物体、土壤和地层。水的总量约为$1.4 \times 10^{13} m^3$，其中96.5%在海洋中，约覆盖地球总面积的71%。陆地上、大气和生物体中的水只占很少一部分。

水循环的主要作用表现在3个方面：

① 水是所有营养物质的介质，营养物质的循环和水循环不可分割地联系在一起；

② 水对物质是很好的溶剂，在生态系统中起着能量传递和利用的作用；

③ 水是地质变化的动因之一，一个地方矿物质元素的流失，而另一个地方矿物质元素的沉积往往要通过水循环来完成。

地球上的水圈是一个永不停息的动态系统。在太阳辐射和地球引力的推动下，水在水圈内各组成部分之间不停地运动着，构成全球范围的海陆间循环（大循环），并把各种水体连接起来，使得各种水体能够长期存在。海洋和陆地之间的水交换是这个循环的主线，意义最重大。在太阳能的作用下，海洋表面的水蒸发到大气中形成水汽，水汽随大气环流运动，一部分进入陆地上空，在一定条件下形成雨雪等降水；大气降水到达地面后转化为地下水、

土壤水和地表径流，地下径流和地表径流最终又回到海洋，由此形成淡水的动态循环。这部分水容易被人类社会利用，具有经济价值，正是我们所说的水资源。

水循环是联系地球各圈和各种水体的"纽带"，是"调节器"，它调节了地球各圈层之间的能量，对冷暖气候变化起到了重要的因素。水循环是"雕塑家"，它通过侵蚀、搬运和堆积，塑造了丰富多彩的地表形象。水循环是"传输带"，它是地表物质迁移的强大动力和主要载体。更重要的是，通过水循环，海洋不断向陆地输送淡水，补充和更新陆地上的淡水资源，从而使水成为了可再生的资源。

DA ZI RAN DE LI WU SHUI YU KONG QI

• 水循环的环节

水循环是多环节的自然过程，全球性的水循环涉及蒸发、大气水分输送、地表水和地下水循环以及多种形式的水量贮蓄降水、蒸发和径流是水循环过程的3个最主要环节，这三者构成的水循环途径决定着全球的水量平衡，也决定着一个地区的水资源总量。

蒸发是水循环中最重要的环节之一。由蒸发产生的水汽进入大气并随大气活动而运动。大气中的水汽主要来自海洋，一部分还来自大陆表面的蒸散发。大气层中水汽的循环是蒸发—凝结—降水—蒸发的周而复始的过程。海洋上空的水汽可被输送到陆地上空凝结降水，称为外来水汽降水；大陆上空的水汽直接凝结降水，称内部水汽降水。一地总降水量与外来水汽降水量的比值称该地的水分循环系数。全球的大气水分交换的周期为10天。在水循环中水汽输送是最活跃的环节之一。

径流是一个地区（流域）的降水量与蒸发量的差值。多年平均的大洋水量平衡方程为：蒸发量 = 降水量 − 径流量；多年平均的陆地水量平衡方程是：降水量 = 径流量 + 蒸发量。但是，无论是海洋还是陆地，降水量和蒸发量的地理分布都是不均匀的，这种差异最明显的就是不同纬度的差异。

• 水循环的分类

　　水循环分为海陆间循环（大循环）以及陆上内循环和海上内循环（小循环）。从海洋蒸发出来的水蒸气，被气流带到陆地上空，凝结为雨、雪、雹等落到地面，一部分被蒸发返回大气，其余部分成为地面径流或地下径流等，最终回归海洋。这种海洋和陆地之间水的往复运动过程，称为水的大循环。仅在局部地区(陆地或海洋)进行的水循环称为水的小循环。环境中水的循环是大、小循环交织在一起的，并在全球范围内和在地球上各个地区内不停地进行着。

• 水交换周期

　　水循环使地球上各种形式的水以不同的周期或速度更新。水的这种循环复原特性，可以用水的交替周期表示。由于各种形式水的贮蓄形式不一致，各种水的交换周期也不一致。

大气水：0.025—0.03 年

河水（外流）：0.03—0.05 年

湖泊淡水：10—100 年

地下水：100—1000 年

海洋水：约 5000 年

冰川：约 10000 年

水利与风力

水利的作用 >

　　水是一切生命的源泉，是人类生活和生产活动中必不可少的物质。在人类社会的生存和发展中，需要不断地适应、利用、改造和保护水环境。水利事业随着社会生产力的发展而不断发展，并成为人类社会文明和经济发展的重要支柱。

　　原始社会生产力低下，人类没有改变自然环境的能力。人们逐水草而居，择丘陵而处，靠渔猎、采集和游牧为生，对自然界的水只能趋利避害，消极适应。进入奴隶社会和封建社会后，随着铁器工具的发展，人们在江河两岸发展农业，建设村庄和城镇，遂产生了防洪、排涝、灌溉、航运和城镇供水的需要，从而开创和发展了水利事业。

水利的发展 >

18世纪开始的产业革命，带来了科学和技术的发展。一些国家开始进入以工业生产为主的社会。水文学、水力学、应用力学等基础学科的长足进步，各种新型建筑材料、设备、技术，如水泥、钢材、动力机械、电气设备和爆破技术等的发明和应用，使人类改造自然的能力大为提高。而人口的大量增长，城市的迅速发展，也对水利提出了新的要求。19世纪末，人们开始建造水电站和大型水库以及综合利用的水利枢纽，水利建设向着大规模、高速度和多目标开发的方向发展。

拉西瓦水电站

水利工程曾包括在土木工程学科之内，与道路、桥梁、公用民用建筑并列。水利工程具有下列特点：水工建筑物受水作用，工作条件复杂；施工难度大；各地的水文、气象、地形、地质等自然条件有差异，水文、气象状况存在或然性，因此大型水利工程的设计，总是各有特点，难于划一；大型水利工程投资大、工期较长，对社会、经济和环境有很大影响，既可有显著效益，但若严重失误或失事，又会造成巨大的损失或灾害。由于水利工程具有自身的特点，以及社会各部门对水利事业日益提出更多和更高的要求，促使水利学科在20世纪上半叶逐渐形成为独立的科学。

世界水利 ＞

　　地球上的水量是丰富的，但是淡水量仅占2.5%，而参与全球水循环的动态水量又仅为淡水量的1.6%，约为577万亿立方米。其中降落在陆地上以径流为主要形式的水量，多年平均为47万亿立方米。这部分水量逐年循环再生，是人类开发利用的主要对象。然而这部分水量中约有三分之二是以暴雨和洪水形式出现，不仅难以大量利用，且常带来严重的水灾。

　　世界上不同地区因受自然地理和气象条件的制约，降雨和径流量有很大差异，因而产生不同的水利问题。

115

• 非洲

非洲是高温干旱的大陆。水资源按面积平均在各大洲中为最少，不及亚洲或北美洲一半，并集中在西部的扎伊尔河等流域。除沿赤道两侧雨量较多外，大部分地区少雨，沙漠面积占陆地的三分之一。解决缺水问题，为非洲多数国家的首要任务。非洲有世界上最长的河流——尼罗河。尼罗河的水资源哺育了埃及的古文明，至今仍与埃及经济息息相关。

尼罗河

• 亚洲

亚洲是面积大、人口多的大陆，雨量分布很不均匀。东南亚及沿海地区受湿润季风影响，水量较多，但因季节和年际变化雨量差异甚大，汛期的连续暴雨常造成江河泛滥。如中国的长江、黄河，印度的恒河等都常为沿岸人民带来灾难。防洪问题成为这些地区的沉重负担。中亚、西亚及内陆地区干旱少雨，以致无灌溉即无农业，必须采取各种措施开辟水源。

• 北美洲

雨量自东南向西北递减，大部分地区雨量均匀，只有加拿大的中部、美国的西部内陆高原及墨西哥的北部为干旱地区。密西西比河为该洲的第一大河，洪涝灾害比较严重，美国曾投入巨大的力量整治这一水系，并建成沟通湖海的干支流航道网。在美国西部的干旱地区，修建了大规模的水利工程，对江河径流进行调节，并跨流域调水，保证了工农业的用水需要。在加拿大和美国境内，水能资源丰富，开发程度也较高。

美国密西西比河

• 欧洲

　　绝大部分地区具有温和湿润的气候，年际与季节降雨量分配比较均衡，水量丰富，河网稠密。欧洲人利用优越的自然条件，发展农业、开发水电、沟通航运，使欧洲的经济有较快的发展。

欧洲伏尔加河

• 南美洲

　　南美洲以湿润大陆著称，径流模数为亚洲或北美洲的两倍有余，水量丰沛。北部的亚马孙河是世界第一大河，流域面积及径流量均为世界各河之冠，水能资源也较丰富，但流域内人烟较少，水资源有待开发。其他各河水量也较充裕，修建在巴拉那河上的伊泰普水电站，装机容量为1260万kW。

亚马孙河

水利的历史记载

水利一词最早见于战国末期问世的《吕氏春秋》中的《孝行览·慎人》篇，但它所讲的"取水利"系指捕鱼之利。

约公元前104—前91年，西汉史学家司马迁写成《史记》，其中的《河渠书》（见《史记·河渠书》）是中国第一部水利通史。该书记述了从禹治水到汉武帝黄河瓠子堵口这一历史时期内一系列治河防洪、开渠通航和引水灌溉的史实之后，感叹道："甚哉水之为利害也"，并指出"自是之后，用事者争言水利"。从此，水利一词就具有防洪、灌溉、航运等除害兴利的含义。

现代由于社会经济技术不断发展，水利的内涵也在不断充实扩大。1933 年，中国水利工程学会第三届年会的决议中就曾明确指出："水利范围应包括防洪、排水、灌溉、水力、水道、给水、污渠、港工 8 种工程在内。"其中的"水力"指水能利用，"污渠"指城镇排水。进入 20 世纪后半叶，水利中又增加了水土保持、水资源保护、环境水利和水利渔业等新内容，水利的含义更加广泛。

因此，水利一词可以概括为：人类社会为了生存和发展的需要，采取各种措施，对自然界的水和水域进行控制和调配，以防治水旱灾害，开发利用和保护水资源。研究这类活动及其对象的技术理论和方法的知识体系称水利科学。用于控制和调配自然界的地表水和地下水，以达到除害兴利目的而修建的工程称水利工程。

帕斯卡定律 〉

帕斯卡定律是流体力学中，由于液体的流动性，封闭容器中的静止流体的某一部分发生的压强变化，将大小不变地向各个方向传递。帕斯卡首先阐述了此定律。

压强等于作用压力除以受力面积。根据帕斯卡定律，在水力系统中的一个活塞上施加一定的压强，必将在另一个活塞上产生相同的压强增量。如果第二个活塞的面积是第一个活塞的面积的10倍，那么作用于第二个活塞上的力将增大为第一个活塞的10倍，而两个活塞上的压强仍然相等。

这一定律是法国数学家、物理学家、哲学家布莱士·帕斯卡首先提出的。这个定律在生产技术中有很重要的应用，液压机就是帕斯卡原理的实例。它具有多种用途，如液压制

动等。帕斯卡还发现静止流体中任一点的压强各向相等，即该点在通过它的所有平面上的压强都相等。这一事实也称作帕斯卡原理。

布莱士·帕斯卡

瓦特蒸汽机

蒸汽机 ❯

　　世界上第一台蒸汽机是由古希腊数学家亚历山大港的希罗于1世纪发明的汽转球，但它只不过是一个玩具而已。约1679年法国物理学家丹尼斯·巴本在观察蒸汽逃离他的高压锅后制造了第一台蒸汽机的工作模型。约与此同时萨缪尔·莫兰也提出了蒸汽机的主意。1698年托马斯·塞维利、1712年托马斯·纽科门和1769年詹姆斯·瓦特制造了早期的工业蒸汽机，他们对蒸汽机的发展都做出了自己的贡献。1807年罗伯特·富尔顿第一个成功地用蒸汽机来驱动轮船。瓦特并不是蒸汽机的发明者，在他之前，早就出现了蒸汽机，即纽科门蒸汽机，但它的耗煤量大、效率低。瓦特运用科学理论，逐渐发现了这种蒸汽机的毛病所在。从1765年到1790年，他进行了一系列发明，比如分离式冷凝器、汽缸外设置绝热层、用油润滑活塞、行星式齿轮、平行运动连杆机构、离心式调速器、节气阀、压力计等等，使蒸汽机的效率提高到原来纽科门机的3倍多，最终发明出了现代意义上的蒸汽机。

史蒂芬孙与蒸汽机车 〉

在陆路交通方面，人们开始研制一种能以蒸汽机推动车辆快速行进的运输工具。其中，英国的史蒂芬孙率先取得了突破性成果。

史蒂芬孙是一位煤矿工人的儿子，从小熟悉矿井里用来抽水的蒸汽机，后来立志从事交通工具的发明创造。1814年，他研制的第一辆蒸汽机车"布拉策号"（以普鲁士将军布拉策的名字命名，他曾经帮助英国打击拿破仑军队）试运行成功。1825年9月27日，史蒂芬孙亲自驾驶他同别人合作设计制造的"旅行者号"蒸汽机车在新铺设的铁路上试车，并获得成功。蒸汽机在交通运输业中的应用使人类迈入了"火车时代"，迅速地扩大了人类的活动范围。

阿基米德原理 >

阿基米德定律是物理学中力学的一条基本原理。浸在液体（或气体）里的物体受到向上的浮力作用，浮力的大小等于被该物体排开的液体的重力。

公元前245年，为了庆祝盛大的月亮节，赫农王给金匠一块金子让他做一顶纯金的皇冠。做好的皇冠尽管与先前的金子一样重，但国王还是怀疑金匠掺假了。他命令阿基米德鉴定皇冠是不是纯金的，但是不允许破坏皇冠。

这看起来是件不可能的事情。在公共浴室内，阿基米德注意到他的胳膊浮出水面。他的大脑中闪现出模糊不清的想法。他把胳膊完全放进水中，全身放松，这时胳膊又浮出水面。

他从浴盆中站起来，浴盆四周的水位下降；再坐下去时，浴盆中的水位又上升了。

他躺在浴盆中，水位变得更高了，而他也感觉到自己变轻了。他站起来后，水位下降，他则感觉到自己变重了。一定是水对身体产生向上的浮力才使他感到自己变轻了。

123

他把差不多同样大小的石块和木块同时放入浴盆，浸入到水中。石块下沉到水里，但是他感觉到木块变轻了。他必须要向下按着木块才能把它浸到水里。这表明浮力与物体的排水量（物体体积）有关，而不是与物体的重量有关。物体在水中感觉有多重一定与水的密度（水单位体积的质量）有关。

阿基米德在此找到了解决国王问题的方法，问题的关键在于密度。如果皇冠里面含有其他金属，它的密度会不相同，在重量相等的情况下，这个皇冠的体积是不同的。

把皇冠和同样重量的金子放进水里，结果发现皇冠排出的水量比金子的大，这表明皇冠是掺假的。

更为重要的是，阿基米德发现了浮力原理，即液体对物体的浮力等于物体所排开液体的重力大小。

风力利用 >

风力被誉为取之不竭的能源。风力主要被应用以下几个方面:

• 风帆助航

在机动船舶发展的今天,为节约燃油和提高航速,古老的风帆助航也得到了发展。航运大国日本已在万吨级货船上采用电脑控制的风帆助航,节油率达 15%。

• 风力致热

随着人民生活水平的提高,家庭用能中热能的需要越来越大,特别是在高纬度的欧洲、北美取暖,煮水是耗能大户。为解决家庭及低品位工业热能的需要,风力致热有了较大的发展。

• 风力发电

在我国,现在已有不少成功的中、小型风力发电装置在运转。

一般说来,3 级风就有利用的价值。但从经济合理的角度出发,风速大于每秒 4 米才适宜于发电。据测定,一台 55 千瓦的风力发电机组,当风速每秒为 9.5 米时,机组的输出功率为 55 千瓦;当风速每秒 8 米时,功率为 38 千瓦;风速每秒为 6 米时,只有 16 千瓦;而风速为每秒 5 米时,仅为 9.5 千瓦。可见风力愈大,经济效益也愈大。

帆船的起源 >

帆船是起源于居住在海河区域的古代人的水上交通运输工具。15世纪初期，中国明代郑和率领庞大船队7次出海，到达亚洲和非洲30多个国家。现代帆船始于荷兰。1660年荷兰的阿姆斯特丹市长将一条名为"玛丽"的帆船送给英国国王查理二世。1662年查理二世举办了英国与荷兰之间的帆船比赛。1720年爱尔兰成立皇家科克帆船俱乐部。1851年英国举行环怀特岛国际帆船赛。1870年美国和英国首次举行横渡大西洋的美洲杯帆船赛。帆船分稳向板帆艇和龙骨帆艇两类。稳向板帆艇轻快灵活，可在浅水中行驶，奥运会项目中的飞行荷兰人型、荷兰人型、470型、星型、托纳多型等均属此类，是世界最普及的帆船。龙骨帆艇也称稳向舵艇，体大不灵活，稳定性好，帆力强，只能在深水中行驶。奥运会项目中的暴风雨型、索林型等均属此类。

帆船运动是依靠自然风力作用于帆上，由人驾驶船只行驶的一项水上运动。它集竞技、娱乐、观赏和探险于一体，备受人们的喜爱，也是各国人民进行海洋文化交流的重要渠道。

经常从事帆船运动，能增强体质，锻炼意志。特别是在风云莫测，海浪、气象、水文条件的不断变化中，迎风斗浪，能培养战胜自然、挑战自我的拼搏精神。

图书在版编目（CIP）数据

大自然的礼物：水与空气/于川编著.—长春：
北方妇女儿童出版社，2015.7（2021.3重印）
（科学奥妙无穷）
ISBN 978-7-5385-9334-1

Ⅰ.①大…　Ⅱ.①于…　Ⅲ.①水—青少年读物 ②空气—
青少年读物　Ⅳ.①P33-49 ②P42-49

中国版本图书馆CIP数据核字（2015）第146852号

大自然的礼物：水与空气
DAZIRANDELIWU：SHUIYUKONGQI

出 版 人	刘　刚
责任编辑	王天明　鲁　娜
开　　本	700mm×1000mm　1/16
印　　张	8
字　　数	160千字
版　　次	2015年8月第1版
印　　次	2021年3月第3次印刷
印　　刷	汇昌印刷（天津）有限公司
出　　版	北方妇女儿童出版社
发　　行	北方妇女儿童出版社
地　　址	长春市人民大街5788号
电　　话	总编办：0431-81629600

定　　价：29.80元